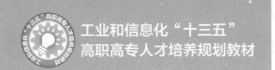

工业和信息化"十三五"
高职高专人才培养规划教材

# 微信公众平台
## 开发技术

WeChat Public Platform Development Technology

秦长春 欧国建 ◎ 主编
谢雪景 邓剑勋 ◎ 副主编

人民邮电出版社

北京

图书在版编目（CIP）数据

微信公众平台开发技术 / 秦长春，欧国建主编. --北京：人民邮电出版社，2018.6（2019.1重印）
工业和信息化"十三五"高职高专人才培养规划教材
ISBN 978-7-115-47583-1

Ⅰ．①微… Ⅱ．①秦… ②欧… Ⅲ．①移动终端－应用程序－程序设计－高等职业教育－教材 Ⅳ．①TN929.53

中国版本图书馆CIP数据核字(2017)第320128号

### 内 容 提 要

本书较为全面地介绍了微信公众平台开发的基本流程与方法。全书共11章，主要分为两个部分：第一部分（第1～8章）介绍了微信公众平台及其接口，主要包括初识微信公众平台、微信公众平台开发准备、自定义菜单、消息的接收与响应、用户管理与账号管理、微信小店、微信支付、高级接口等；第二部分（第9～11章）介绍了几种微信公众平台的开发应用案例，包括天气预报应用实例、游戏开发应用实例、微商城综合实例等。部分章节提供了动手实践的内容，通过练习和操作实践，读者可巩固所学内容。

本书可以作为高职高专计算机相关专业和非计算机专业微信公众平台开发课程的教材，也可作为微信公众平台开发人员的参考书和广大计算机爱好者的自学用书。

◆ 主　　编　秦长春　欧国建
　副 主 编　谢雪景　邓剑勋
　责任编辑　左仲海
　责任印制　马振武

◆ 人民邮电出版社出版发行　北京市丰台区成寿寺路11号
　邮编　100164　电子邮件　315@ptpress.com.cn
　网址　http://www.ptpress.com.cn
　天津翔远印刷有限公司印刷

◆ 开本：787×1092　1/16
　印张：16.5　　　　　　　　2018年6月第1版
　字数：402千字　　　　　　2019年1月天津第2次印刷

定价：49.80 元

读者服务热线：(010)81055256　印装质量热线：(010)81055316
反盗版热线：(010)81055315
广告经营许可证：京东工商广登字20170147号

# 前言 FOREWORD

微信从 2011 年诞生到现在还不足八年时间，却拥有着庞大的用户群。截至 2017 年 9 月，微信在全球共有 9.36 亿月活跃用户，而新兴的公众平台已超过 2 000 万个。微信不只是一个聊天工具，它已经成为一种生活方式。

微信公众平台是在微信的基础上新增的功能模块。官网只提供了一些基础的功能，如消息回复、群发消息、菜单设置等，然而这些基础功能并不能满足众多企业为其客户在微信上提供服务的需求。为此，微信公众平台开放了一系列的 API 接口，如自定义菜单接口、微信支付接口等，企业可以通过调用这些接口，为用户提供更好的线上体验，提升企业品牌效应。

本书针对高职院校的特点，采用"教、学、做"一体化的教学模式，为培养高端应用型人才提供适合的教学与训练。本书以微信公众平台的二次开发为主线，从微信公众平台的申请到开发环境的搭建，从具体 API 接口的开发应用到实战项目的开发实现，进行了系统、全面的整理，然后分享给读者。读者在使用本书的过程中，不仅能进行基本技术学习，而且能按项目实践要求进行项目的开发，完成相应功能的实现。

本书作者有着多年的实际项目开发经验，以及丰富的高职高专教育教学经验，并且完成了多轮次、多类型的教育教学改革与研究工作。

本书主要特点如下。

### 1. 实际项目开发与理论教学紧密结合

为了使读者能快速地掌握微信平台开发技术，并按实际项目要求熟练运用相关知识，本书在部分章的最后根据实际项目设计了动手实践内容，且最后三章设计了项目实践，帮助读者进行独立的学习与训练。

### 2. 合理、有效地组织教学内容

本书按照由浅入深的顺序，在引导读者逐渐认识公众平台功能的同时，引入二次开发技术与知识，将技术讲解与训练合二为一，有助于"教、学、做"一体化教学的实施。

本书由秦长春、欧国建任主编，谢雪景、邓剑勋任副主编，秦长春统编全稿。同时本书受到了国家级高技能人才培训基地（重庆电子工程职业学院）建设项目的资助，是项目中软件与信息服务领域的骨干培训教材之一。

由于编者水平有限，书中不妥或疏漏之处在所难免，殷切希望广大读者批评指正。同时，读者一旦发现问题，恳请于百忙之中及时与编者联系，以便尽快更正，编者将不胜感激。编者 E-mail 为 jzqcc@163.com。

编 者

2017 年 12 月

# 目 录

## 第1章 初识微信公众平台　1
### 1.1 什么是微信公众平台　1
### 1.2 微信公众平台介绍　2
#### 1.2.1 发展历程　2
#### 1.2.2 公众平台功能　3
### 1.3 公众平台注册与认证　6
#### 1.3.1 公众号的分类　6
#### 1.3.2 注册网址及流程　8
### 1.4 公众平台的编辑与开发　11
#### 1.4.1 编辑模式　12
#### 1.4.2 开发模式　13
### 本章小结　14
### 动手实践　14

## 第2章 微信公众平台开发准备　15
### 2.1 开发环境搭建　15
#### 2.1.1 接入指南　15
#### 2.1.2 接口测试号申请　19
#### 2.1.3 接口在线调试　21
### 2.2 基础接口　21
#### 2.2.1 获取接口调用凭证　21
#### 2.2.2 获取微信服务器 IP 地址　23
### 2.3 微信 Web 开发调试工具　23
#### 2.3.1 调试微信网页授权　24
#### 2.3.2 调试 JS-SDK 的相关功能　26
#### 2.3.3 移动调试　36
#### 2.3.4 与 Chrome 集成与调试　39
### 本章小结　39
### 动手实践　39

## 第3章 自定义菜单　41
### 3.1 发送 HTTPS 请求　41
#### 3.1.1 HTTPS 概述　41
#### 3.1.2 微信上的实现方法　42
### 3.2 自定义菜单接口　43
#### 3.2.1 自定义菜单创建接口　43
#### 3.2.2 自定义菜单查询接口　47
#### 3.2.3 自定义菜单删除接口　49
#### 3.2.4 自定义菜单事件推送　49
#### 3.2.5 个性化菜单接口　55
#### 3.2.6 获取自定义菜单配置接口　59
### 3.3 响应菜单单击事件　62
### 本章小结　64
### 动手实践　64

## 第4章 消息的接收与响应　66
### 4.1 接收普通用户消息　66
#### 4.1.1 封装接收消息结构　67
#### 4.1.2 文本消息　68
#### 4.1.3 图片消息　69
#### 4.1.4 语音消息　70
#### 4.1.5 视频消息　71
#### 4.1.6 小视频消息　72
#### 4.1.7 地理位置消息　73
#### 4.1.8 链接消息　74
### 4.2 接收事件推送　75
#### 4.2.1 封装事件　75
#### 4.2.2 关注/取消事件　77
#### 4.2.3 扫描带参数二维码事件　77
#### 4.2.4 上报地理位置事件　79
#### 4.2.5 自定义菜单事件　80

4.3 回复消息 81
　　4.3.1 被动响应消息 81
　　4.3.2 客服消息接口 85
　　4.3.3 回复消息代码实现 88
4.4 聊天机器人 96
　　4.4.1 聊天机器人介绍 96
　　4.4.2 聊天机器人的实现 101
本章小结 105
动手实践 105

## 第 5 章 用户管理与账号管理 106
5.1 用户管理 106
　　5.1.1 用户标签管理 106
　　5.1.2 设备用户备注名 112
　　5.1.3 获取用户基本信息 112
　　5.1.4 获取用户列表 118
　　5.1.5 获取用户地理位置 119
5.2 账号管理 120
　　5.2.1 创建二维码接口 120
　　5.2.2 长链接转短链接接口 124
　　5.2.3 微信认证事件推送 125
本章小结 129

## 第 6 章 微信小店 130
6.1 微信小店搭建 130
　　6.1.1 小店概况 130
　　6.1.2 添加商品 132
　　6.1.3 商品管理 134
　　6.1.4 货架管理 135
　　6.1.5 订单管理 143
　　6.1.6 运费模板管理 149
　　6.1.7 图片库 154
6.2 自定义开发 155
　　6.2.1 微信小店 SDK 155
　　6.2.2 支付成功通知 156
6.3 小店实例 160
　　6.3.1 订单创建 160
　　6.3.2 订单查询 160
　　6.3.3 订单物流查询 162

本章小结 166

## 第 7 章 微信支付 167
7.1 申请微信支付 167
　　7.1.1 支付申请流程 167
　　7.1.2 经营类目选择 169
　　7.1.3 资费标准 169
7.2 公众号支付 169
　　7.2.1 场景介绍 170
　　7.2.2 开发步骤 171
　　7.2.3 业务流程 172
7.3 JS API 接口开发 172
　　7.3.1 获取微信版本号 172
　　7.3.2 H5 调用支付 API 173
　　7.3.3 收货地址共享 174
本章小结 176

## 第 8 章 高级接口 177
8.1 客服接口 177
　　8.1.1 消息转发到客服 177
　　8.1.2 客服管理 178
　　8.1.3 会话控制 183
　　8.1.4 获取聊天记录 187
8.2 OAuth 2.0 授权 188
　　8.2.1 OAuth 2.0 介绍 189
　　8.2.2 获取接口凭证方法 189
8.3 获取关注者列表 192
8.4 素材管理 194
　　8.4.1 新增临时素材 194
　　8.4.2 获取临时素材 195
　　8.4.3 新增永久素材 196
　　8.4.4 获取永久素材 199
　　8.4.5 删除永久素材 200
　　8.4.6 修改永久素材 201
　　8.4.7 获取永久素材总数 201
　　8.4.8 获取永久素材列表 202
8.5 高级群发接口 203
本章小结 205

# 目 录

## 第9章 天气预报应用实例 206
### 9.1 微信接入框架 206
- 9.1.1 Senparc 介绍 206
- 9.1.2 关键类说明 206
- 9.1.3 引入说明 207
### 9.2 天气接口 207
- 9.2.1 阿里云登录 208
- 9.2.2 接口使用 209
### 9.3 PM2.5 接口 212
- 9.3.1 接口规范 212
- 9.3.2 接口使用 213
### 9.4 功能设计 214
### 9.5 开发实现 216
- 9.5.1 消息接收 216
- 9.5.2 API 接口调用 219
- 9.5.3 接口数据处理 219
- 9.5.4 消息发送 221
### 本章小结 225
### 动手实践 225

## 第10章 游戏开发应用实例 226
### 10.1 项目介绍 226
- 10.1.1 游戏规则 226
- 10.1.2 核心流程 226
### 10.2 功能设计 227
- 10.2.1 获取用户信息 227
- 10.2.2 游戏功能 227
### 10.3 功能实现 227
- 10.3.1 游戏启动 227
- 10.3.2 蚊子飞出 229
- 10.3.3 蚊子计数 230
- 10.3.4 游戏结束 231
### 本章小结 232
### 动手实践 232

## 第11章 微商城综合实例 234
### 11.1 项目介绍 234
### 11.2 功能设计 234
- 11.2.1 微商城的功能 234
- 11.2.2 数据库设计 235
### 11.3 开发实现 237
- 11.3.1 微商城的菜单 237
- 11.3.2 首页 238
- 11.3.3 分类 240
- 11.3.4 购物车 241
- 11.3.5 我的商城 244
- 11.3.6 系统后台实现 245
### 本章小结 250
### 动手实践 250

## 附录 接口返回码说明 251

# 第 1 章 初识微信公众平台

## 学习目标

- 了解微信公众平台的概念。
- 了解微信公众平台的发展历程与功能。
- 熟悉微信公众平台的注册与认证流程。
- 掌握公众平台的两种模式——编辑模式与开发模式的使用。

微信是腾讯公司于 2011 年 1 月 21 日为智能移动终端推出的一个应用程序。自发行之初就受到公众广泛的关注。经过近几年的发展,微信已成为国内智能手机用户必备的 APP 之一。截至 2017 年 9 月,微信已经覆盖了 90%以上的智能手机,全球月活用户数量已达到 9.36 亿,而新兴的公众平台已超过 2000 万个。

微信公众号作为微信的主要服务之一,已逐渐渗透到微信用户生活之中,可以为用户提供新闻资讯或服务,为企业、政府或其他事业单位提供用户管理的工具。目前,已有将近 80%的微信用户关注了微信公众号。微信公众平台开发技术是基于微信公众号进行业务开发的,实现了运营者向其粉丝或客户传递信息或运营企事业单位业务的作用,该技术对于微信公众开发者而言是必备的技能。

本章主要介绍微信公众平台的基础知识,包括微信公众平台的概念、发展历程及其功能,同时详细介绍了公众平台的注册流程,简单说明了公众平台编辑与开发的两种模式的使用。本章内容有助于读者了解微信公众平台,熟悉公众账号的注册与使用过程,对后面的学习意义重大。

## 1.1 什么是微信公众平台

微信公众平台是运营商通过公众号为微信用户提供资讯与服务的平台,是腾讯公司在微信基础平台上新增的功能模块。每个人都可以通过这个平台打造自己的微信公众号,企业可以在微信平台上实现为客户群发文字、图片、语音、视频、图文消息 5 个类别的内容。微信公众平台支持 PC 端网页、移动互联网客户端登录,可以绑定私人账号进行群发信息。

在公众平台发布初期,有大量的媒体和企业将平台开辟成另一个营销网站,每天定时推送消息。腾讯公司为了将微信公众平台打造成企业、机构、个人用户之间交流和服务的优质平台,降低沟通与交易成本,创造出更多的社会价值,确定了平台运营的基本原则,具体如下。

1. 建立良好的用户体验

- 开发运营含有丰富交流与互动元素的公众号。

- 为用户提供更多的选择和控制。
- 提供具有价值的、持续性的并与该账号高度相关的内容。

2. 要值得信赖
- 充分尊重用户并理解用户。
- 遵守国家相关法律法规，不涉及违法或违反《微信公众平台服务协议》及相关规则的内容和行为。
- 不发送垃圾信息且不存在过度营销行为，鼓励向用户传送符合需求的真实资讯。

## 1.2 微信公众平台介绍

微信整个板块包含个人微信、二维码、公众平台等几部分，其中，公众平台是微信系统的重要组成部分。微信公众平台是给企业、个人与组织提供业务服务和用户管理功能的全新服务平台，也为媒体和个人提供了一种新的信息传播方式，构建与读者之间更好的沟通与管理模式。另外，新增加的小程序提供了一种新的开放功能，实现了用户"触手可及"的梦想，用户扫一扫或搜一下即可打开应用。

### 1.2.1 发展历程

（1）公众平台曾命名为"官号平台"和"媒体平台"，最终定位为"公众平台"。微信公众平台与微博等其他平台不同，其宗旨是通过海量的用户数据挖掘用户价值，为这个平台增加更加优质的内容，创造更好的黏性，形成一个不一样的生态循环。通过这个平台，人们可以真正地实现双向的交流与沟通。2012年8月23日，微信公众平台正式上线。

（2）2013年8月5日，腾讯公司对公众平台做了以下调整。
- 运营主体为组织，可在新注册的时候选择成为服务号或者订阅号。之前注册的公众号，默认为订阅号，可升级为服务号。
- 服务号可以申请自定义菜单。
- 使用QQ登录的公众号，可以升级为邮箱登录。使用邮箱登录的公众号，可以修改登录邮箱。
- 编辑图文消息可选填作者。
- 群发消息可以同步到腾讯微博。

（3）2013年8月29日，微信公众平台新增数据统计功能。

（4）2013年10月29日，开放客服接口、网页授权等高级接口，新增开发者问答系统。

（5）2013年12月2日，公众平台新增测试账号功能，开发者可以使用手机号申请接口测试账号，体验高级接口。

（6）2014年1月24日，更新微信认证，开放订阅号的企业类型认证，所有获得成功认证的账号（包括微信认证和已获得关联微博认证的账号）都可以自动获得自定义菜单。关闭企业组织类型的微博认证入口，同时由于微信认证不支持个人认证，个人的订阅号可申请关联个人微博认证。

（7）2014年4月15日，所有服务号的群发次数由原来的每月1次改为每月4次。

（8）2014年4月25日，增加了公众平台的开发接口的access_token长度，其存储至少要保留 512 个字符空间。

（9）2014 年 5 月 9 日至 29 日，公众平台新增投票和多客服功能；增加微信小店功能，可快速开店。

（10）2014 年 7 月 2 日，微信公众平台改版，调整内容如下：
- 允许在图文消息中加入跳转链接；
- 将服务中心升级为功能插件；
- 将商户功能改名为微信支付；
- 新增开发者中心，去除编辑和开发模式，开发者可以在开发者中心中统一管理开发资源、权限和配置。

（11）2014 年 7 月 7 日，新增推广功能。广告主可定向投放广告，精准推广自己的服务；流量主可提供广告展示，按月获取收入。

（12）2014 年 8 月 18 日，微信公众平台开放设备接入功能，使公众号获得绑定设备和传输设备数据的能力。

（13）2014 年 9 月 18 日，公众平台"企业号"上线。继订阅号、服务号之后，成为第三种公众号。企业号适用于企业与员工或上下游供应链之间的沟通，旨在通过微信连接企业应用，为企业提供移动端办公入口。

（14）2014 年 9 月 19 日，自定义菜单针对开发者增加扫一扫、发图片、发地理位置等功能。

（15）2014 年 9 月 30 日，公众平台新增卡券功能。支持的卡券类型有代金券、折扣券、礼品券、团购券、优惠券。

（16）2015 年 1 月 28 日至 8 月 19 日，新增投票组件化功能；公众平台支持接收微信小视频；新增摇一摇周边功能；微信连 Wi-Fi 插件对所有公众号开放；公众号文章新增语音功能；公众平台新增城市服务功能。

（17）2016 年 1 月 11 日，公众平台发布微信 Web 开发者工具。

（18）2016 年 3 月 21 日，微信公众平台推出新版客服功能。

（19）2017 年 1 月 9 日，第一批小程序正式上线，用户可以体验到各种各样的小程序提供的服务。

（20）2017 年 4 月 20 日，微信公众号可关联小程序。

（21）2017 年 4 月 25 日，微信公众号群发文章支持添加小程序。

（22）2017 年 6 月 6 日，对所有公众号开放在图文消息中插入全平台已群发文章的链接。

## 1.2.2 公众平台功能

从微信公众平台运营者的角度出发，目前微信公众平台官网提供 12 个功能模块，也可以叫功能插件，这里除了官网介绍的功能外，再增加一个最基本的群发消息的功能，也是用得最多的一个功能，这些功能模块也是随着业务的不断分化而不断进行改进和增加的，分别如下：

### 1. 群发功能

公众平台的群发消息与手机群发短信相比，成本更低廉，内容丰富，形式多样，这样的优点受到企业、媒体、政府和其他组织的青睐，对品牌的建设与宣传有积极的意义。

在公众平台初期，所有类型的公众账号每天都可以群发一条消息，这样严重影响了用户体验，甚至导致大量微信用户取消关注。为了避免这一情况的出现，腾讯公司修改了群发次数规则，现在只有订阅号每天（24小时）可以群发一条消息，而服务号一周才能群发一条消息。企业号作为企业内部交流的账号，可以无限制地群发。

目前支持群发的内容有文字、语音、图片、视频、图文消息5种，群发内容是在素材管理中通过新建图文消息或选择已有的图文消息进行群发，用户可以将本地图片、语音等上传到素材管理，可以一直使用，没有失效期。

### 2. 模板消息

公众号可以向用户发送预设的模板消息，模板消息仅用于公众号向用户发送重要的服务通知，只能用于符合其要求的服务场景中，如信用卡刷卡通知、商品购买成功通知等，不支持广告等营销类消息以及其他所有可能对用户造成骚扰的消息。

### 3. 门店管理

门店管理是公众平台向商户提供的对其线下实体门店数据的基础管理功能。通过门店管理功能，商户可对自己的实体门店数据进行线上管理，并在相关业务场景中运营和展示，商户可直接通过公众平台门店管理功能新建、查看或编辑自己的门店。这里的门店信息是以地理位置为基础的公共信息，商户可以添加使用已有门店，也可以创建尚未被收录的门店或提交对门店信息的编辑建议。门店信息的所有权归微信所有，门店数据的收录和运作有严格的审核机制，商户提交的新门店信息或编辑建议须经过统一审核。

### 4. 自动回复

公众号可以针对用户的行为来设置特定的回复内容和丰富的关键字回复规则，而自动回复可以设置被添加时的自动回复、用户发送消息时的自动回复与关键词自动回复。

### 5. 自定义菜单

公众号可以在会话界面底部设置各式各样的自定义菜单，并可为其设置响应动作。用户可以通过单击菜单项，收到设定的响应，如收取消息、跳转链接等。未认证订阅号只能使用编辑模式下的自定义菜单功能，认证成功后才能使用自定义菜单的相关接口功能。

### 6. 卡券功能

卡券功能向公众号提供卡券管理、推广、经营分析的整套解决方案。这是提供给商户或第三方的一套派发优惠券、经营管理会员的工具，可在公众平台或通过接口创建卡券，多种渠道投放给用户。用户用券时需要核销卡券，核销后可查看数据、进行对账。卡券的类型如下。

- 朋友共享的优惠券——可利用社交链快速扩散传播，一人领券，本人和朋友皆可看到并使用。
- 普通优惠券——传统优惠券电子版，领取后仅本人可见可用，支持多种类型，包括折扣券、代金券、兑换券、团购券、优惠券。
- 会员卡——支持折扣、积分等玩法，并提供会员管理、数据报表等工具，便于商户高效运营会员。
- 微信买单——无须进行微信支付开发，同时与会员卡、代金券、折扣券关联，可积累用户消费数据，用于经营参考。
- 储值功能——会员卡商户无须申请，可直接通过 API 接口，使用"余额展示"功能将会员余额显示在微信会员卡首页。具有预付卡资质的商家可申请"储值"功能，申请成功后，可通过 API 接口设置此入口，帮助会员通过微信支付为会员卡充值。
- 第三方代制模式——经商户授权后，可代子商户快速接入并使用卡券功能，支持通过公众平台或 API 接口实现该功能。

### 7. 客服功能

人们可为公众号提供客服功能，支持多人同时为一个公众号提供客户服务，并实时回复粉丝咨询。该功能需要微信认证后才能开通，而且仅提供公众号回答粉丝咨询并进行相应的服务，不能使用客服功能发送垃圾信息、营销信息等。

### 8. 摇一摇周边

顾名思义，摇一摇周边是微信提供的一种新的基于位置的连接方式，为用户提供近距离连接其他用户的能力，支持公众号向线下用户提供个性化信息、互动及服务。用户通过"摇一摇"的"周边"页卡，可以与线下商户进行互动，获得商户提供的个性化服务，商户申请该功能后，需要在门店自主铺设支持 iBeacon 协议的蓝牙硬件，并在商户后台设置硬件和对应服务的关联。

### 9. 扫一扫

扫一扫功能是面向品牌所有者的，开放商品条码、二维码（一物一码）的连接功能，用于展示信息和提供服务。品牌可整合微信原生能力，通过微信一物一码提供防伪查询服务、商品促销发红包等精准化营销。品牌所有者可自主编辑商品主页，维护商品信息，提供商品相关服务，进行用户管理和数据管理。目前此功能正在公测中。

### 10. 设备功能

设备功能可使公众号获得绑定设备和传输设备数据的能力，让人们的设备与亿万微信用户相连，如微信运动、通过微信控制、微信配置网络等。

### 11. 投票管理

投票管理允许公众号进行新增、删除和查看的操作。新增的投票功能需要插入到图文消息中，通过群发、自动回复和自定义菜单发出，投票结果来自于上述所有渠道的汇总。

### 12. 微信小店

一站式的微信开店，可帮助已开通微信支付的公众号实现快速便捷地开店和管理商品。微信小店是在微信支付功能的基础上，支持商家使用添加商品、商品管理、订单管理、货架管理、运费模块管理等功能。有开发能力的商家可以通过接口批量操作，以快速开店。开通后就可以在微信小店中进行小店的开启、运营和使用。普通用户可直接通过小店功能管理小店，开发者则可以通过开发接口来实现更灵活的小店运营。微信小店只能售卖所选微信支付经营范围之内的商品。

### 13. 微信连 Wi-Fi

微信连 Wi-Fi 是微信推出的快速连接 Wi-Fi 热点的功能，提供 Wi-Fi 近场服务功能，打通线上与线下的闭环，可以更好地提高商户的经营效率。商户启用该功能后，其顾客仅需通过微信"扫一扫"二维码等方式，即可快速连接商户提供的 Wi-Fi 免费上网。连接成功后，用户微信主界面顶部会出现"正在连接 Wi-Fi"的状态提示，用户单击该提示，即可查看优惠活动信息以及使用商户提供的在线功能和服务。该功能需要商户具有线下经营场所，并且拥有一台 Wi-Fi 上网设备。

除了以上介绍的功能之外，微信公众平台还提供了更多更高级的接口来完善公众号的功能，例如，图文消息、图片、音频、视频等素材的增删改的管理；广告主和流量主的推广功能；用户、图文、接口和消息的统计功能等。这样的接口还有很多，均是以插件库的形式根据需要进行自由添加的，微信公众平台也还在不断完善各个功能。

## 1.3 公众平台注册与认证

### 1.3.1 公众号的分类

微信公众平台是运营商通过公众号为微信用户提供资讯与服务的平台，其中提供新闻与资讯的平台称为订阅号，提供服务的平台称为服务号。后来增加了企业微信和小程序，企业微信为企业提供移动应用入口，简化管理流程，提高组织协同效率；小程序是一种不需要下载安装即可使用的应用，体现了"用完即走"的理念，用户不用关心是否安装太多应用的问题。

为了方便实现微信用户和开发者的特定需要，腾讯公司将微信公众号分为订阅号、服务号、企业微信、小程序 4 个类别。

#### 1. 订阅号

订阅号为媒体和个人提供一种新的信息传播方式，构建与读者之间更好的沟通与管理模式。订阅号适合企业组织和个人，主要用于信息的发布，为用户传达资讯。其起点低，应用简单，功能单一。

#### 2. 服务号

服务号为企业和组织提供强大的业务服务与用户管理功能，帮助企业快速实现全新的公众号服务平台。它主要面向企业等，向订购服务的用户提供相应的服务。比如销售、查询等，需要一定的开发能力，功能比较齐全、灵活。

#### 3. 企业微信

企业微信为企业或组织提供移动应用入口，帮助企业建立与员工、上下游供应链及企业应用之间的连接。通过特定的开发满足企业的管理需求，通过移动网络实现移动办公，使信息传递更迅速。它可以高效地帮助政府、企业及组织构建自己独有的生态系统，随时随地连接员工、上下游合作伙伴的交流，帮助实现业务及管理互联网化；企业微信只有具有一定资质的企业才能使用，目前不收费。

## 4．小程序

为了提供更好的服务，微信团队研究出了新的形态，叫作微信小程序。小程序于 2017 年 1 月 9 日正式上线，它是一种新的开放功能，开发者可以快速地开发一个小程序，可以在微信内被便捷地获取和传播。小程序是一种用户不需要下载安装即可使用的应用，用户扫一扫二维码或搜一下就可以打开应用。它是一种"轻应用"，用户无须安装和卸载，也不必关心太多问题，随时可用。用户使用的小程序，将以列表的方式呈现在小程序 TAB 中，例如京东购物、滴滴公交查询等小程序，如图 1-1 所示。

图 1-1　小程序

订阅号、服务号、企业微信和小程序是并行的体系，不仅在用途上有很大的区别，功能权限也有很大的不同。订阅号主要偏向于为用户传达资讯（类似报纸杂志），认证前后每天都只可以群发一条消息；服务号主要偏向于服务交互（类似银行、114，提供服务查询），认证前后都是每个月可群发 4 条消息，认证后的服务号具有高级接口能力；企业微信主要用于公司内部通信使用，需要先有成员的通信信息验证才可以成功关注企业微信；小程序主要是一种"轻应用"，为企业和用户提供更好的服务。订阅号服务号的功能介绍如图 1-2 所示。

| 功能权限 | 普通订阅号 | 微信认证订阅号 | 普通服务号 | 微信认证服务号 |
|---|---|---|---|---|
| 消息直接显示在好友对话列表中 |  |  | ✓ | ✓ |
| 消息显示在"订阅号"文件夹中 | ✓ | ✓ |  |  |
| 每天可以群发1条消息 | ✓ | ✓ |  |  |
| 每个月可以群发4条消息 |  |  | ✓ | ✓ |
| 无限制群发 |  |  |  |  |
| 保密消息禁止转发 |  |  |  |  |
| 关注时验证身份 |  |  |  |  |
| 基本的消息接收/运营接口 | ✓ | ✓ | ✓ | ✓ |
| 聊天界面底部，自定义菜单 | ✓ | ✓ | ✓ | ✓ |
| 定制应用 |  |  |  |  |
| 高级接口能力 |  | 部分支持 |  | ✓ |
| 微信支付-商户功能 |  | 部分支持 |  | ✓ |

图 1-2　订阅号与服务号的功能介绍

注意：如果想简单地发送消息，达到宣传的效果，建议选择订阅号；如果想进行商品销售，建议申请服务号；如果想用来管理企业内部员工、团队，建议选择企业微信。4 种公众号的图例说明如图 1-3 所示。

图1-3　4种公众号的图例说明

## 1.3.2　注册网址及流程

上面提到公众号分为几类,那么在注册账号之前应先了解哪种类型的账号更符合实际需求。不仅如此,还需要知道注册公众号需要哪些资料。在注册公众号时,不同的运营主体所需要填写的资料不相同,运营主体主要分为组织和个人,组织又包括政府、媒体、企事业单位等。

### 1. 选择运营主体

选择运营主体时可以参考《组织机构代码证》上的机构类型来选择公众平台注册的主体类型,如表1-1所示。

表1-1　运营主体的选择

| 社会名称 | 营业执照/组织机构代码的类型 | 公众平台应选择的类型 |
| --- | --- | --- |
| 个体工商户 | 个体户、个体工商户、个人经营 | 个体工商户 |
| 企业公司类 | 企业、企业非法人、个人独资企业、合伙企业、外贸企业驻华代表处等 | 企业 |
| 媒体报社、新闻机构类 | 电视广播、报纸、杂志、网络媒体等 | 媒体 |
| 医院、学校 | 社团法人、民办非企业、工会法人、群众团体等 | 其他组织 |
| 政府单位 | 事业单位、机关法人、机关非法人 | 政府 |

### 2. 所需资料

不同的运营主体需要准备不同的资料以用于公众号注册与认证,主要资料如表1-2所示。

# 第 1 章　初识微信公众平台

表 1-2　不同运营主体所需材料

| 政府类型 | 媒体类型 | 企业类型 | 其他组织类型 | 个人类型 |
|---|---|---|---|---|
| 政府机构名称 | 媒体机构名称 | 企业名称全称 | 组织机构名称 | 运营者身份证姓名 |
| 运营者身份证姓名 | 组织机构代码 | 营业执照注册号 | 组织机构代码 | 运营者身份证号码 |
| 运营者身份证号码 | 运营者身份证姓名 | 运营者身份证姓名 | 运营者身份证姓名 | 运营者手机号码 |
| 运营者手机号码 | 运营者身份证号码 | 运营者身份证号码 | 运营者身份证号码 | 已绑定银行卡的微信号 |
| 已绑定银行卡的微信号 | 运营者手机号码 | 运营者手机号码 | 运营者手机号码 | |
| | 已绑定银行卡的微信号 | 已绑定银行卡的微信号 | 已绑定银行卡的微信号 | |
| | 媒体对公账户 | 企业对公账户 | 组织对公账户 | |

### 3. 注册流程

（1）首先打开网址 https://mp.weixin.qq.com，单击右上方的超链接"立即注册"进入注册页面。然后选择账号类型，可以选择的有订阅号、服务号、小程序、企业微信，如图 1-4 所示。如果运营主体为个人，只能选择订阅号；账号类型可以参考上一小节公众号的分类和运营主体具体的需求进行选择。其中前面没有介绍的小程序是一种新的开放功能，开发者可以快速地开发一个小程序。小程序可以在微信内被便捷地获取和传播，同时具有出色的使用体验。

图 1-4　公众号的注册类型选择

（2）选择账号类型之后进入注册信息填写页面，包括基本信息、选择类型、信息登记、公众号信息 4 个部分，如图 1-5 所示。

图1-5　注册信息填写页面

① 基本信息。包括邮箱、密码、验证码等内容。

在邮箱收到的邮件里面单击链接激活公众号，如果链接没有失效就可以成功激活。需要注意的是，每个邮箱只能注册一次账号，所以以前注册过公众号的邮箱无法再次使用。如果收不到激活邮件，可以在邮箱设置里面添加白名单（weixinteam@tencent.com），再重新发送邮件；再收不到激活邮件就需要更换网络环境或邮箱。

② 选择类型。激活成功后首先需要选择企业注册地，然后进入账号类型的选择界面，如图1-6所示。可以参考1.3.1小节的账号介绍，根据运营主体的需求选择合适的账号类型。需要注意的是，一旦成功创建账号，类型不能变更，如果选择错误，只能重新注册，所以一定要仔细了解账号类型，之后谨慎选择自己需要的类型。

图1-6　账号类型选择页面

③ 信息登记。这个环节需要确认微信公众号主体类型，即是属于政府、媒体、企业、

其他组织还是个人，并按照对应的类别进行信息登记。那么如何选择运营主体类型，可以参考表1-1来进行。

选择运营主体后，需要填写表1-2所示的相应资料信息，比如其他组织应填写组织名称、机构代码、注册方式、运营者身份信息等。

在这个环节，选择的注册方式主要有两种：支付验证注册与微信认证注册。第一种需要用公司的对公账户向腾讯公司打款来验证主体身份。打款信息在提交主体信息后可以查看到。第二种通过微信认证验证主体身份，需支付300元认证费。

④ 公众号信息。主要填写公众号名称与公众号介绍等，如图1-7所示。

图1-7 公众号信息填写页面

需要注意的是，账号名称是公众号昵称，无须和公司名称一样，但是不能与其他账号名称同名，也就是命名要求具有唯一性。功能介绍无须和公司的经营范围一致，但不能带有被保护、违规的词汇，如男科、微信、热线、兼职、相册等。

（3）以上信息提交成功后就进入账号审核阶段。

账号审核时间会根据第（2）步中的选择注册验证方式的不同而有所不同。如果选择支付验证注册，需要在10天内给指定账户进行小额打款，具体金额随机生成，当账号主体的对公账户与打款账户一致，且打款金额与随机生成的金额一致就可以成功注册，并且打款的金额在3个工作日之内退还到对公账户上；当选择微信认证的方式时，信息填写并提交之后，在30天内必须完成微信认证，否则需要重新填写资料。在微信认证方式下，需要服务审核费300元/年，支付成功后在1~5个工作日之内审核。

在审核阶段，微信公众号无法申请认证；虽然公众号可以登录，但是功能无法正常使用，需要打款验证通过之后，才能正常使用该公众号；他人也无法通过"搜索公众号"搜索到微信公众号。

## 1.4 公众平台的编辑与开发

通过以上内容的学习，相信读者对公众平台的概念与功能有了一定的了解，并申请了一个公众号。为了后续的学习与开发，建议在条件允许的情况下选择申请一个服务号。公众号申请之后只能使用一部分功能。在公众平台的高级功能模块中可以看到两种模式，分别是编辑模式与开发模式。这两种模式不能同时使用，是相斥的。

### 1.4.1 编辑模式

微信公众平台在开通编辑模式的情况下，可以实现文字、语音、图片、图文消息的自动回复和关键词自动回复，还可以开通微信自定义菜单功能。所有的设置都是在公众平台中完成的。

编辑模式的优点在于简单易用；上手容易，不需要学习代码知识；响应速度快。这是因为在编辑模式下不用重新搭建服务器。

它的缺点也比较明显，主要如下。
- 文字回复有 300 字限制，关键字回复上限为 200 条。
- 扩展功能有限，不能调用网络平台上面的地理位置、API 等信息。
- 没有数据库，如果使用者有自己的网站或者会员数据库，那么无法对接和处理海量的数据库。

#### 1. 自动回复

自动回复功能是公众号运营者通过简单的编辑，设置被添加自动回复、消息自动回复与关键词自动回复，可以设置文字、图片、语音、视频类型的消息，并制定自动回复的规则。当订阅用户的行为符合自动回复规则的时候，就会收到自动回复的消息。

（1）被添加自动回复

被添加自动回复是指当粉丝关注公众号时，公众号会自动将设置的文字、图片、语音、视频消息发送给用户。设置后也可以根据需要修改或删除回复。该消息一般称为关注欢迎语，如图 1-8 所示。

（2）消息自动回复

消息自动回复是指用户发送消息给公众号时，公众号会自动将设置的文字、图片、语音、视频消息发送给用户。需要注意的是，1 小时内只能回复 1~2 条消息，并且暂时不支持图文、网页地址消息回复，如图 1-9 所示。

图 1-8  被添加自动回复

图 1-9  消息自动回复

（3）关键词自动回复

关键词自动回复是指用户发送符合设定规则的消息时，公众号会自动将设置的文字、

# 第1章 初识微信公众平台

图片、语音、视频、图文消息发送给用户,如图 1-10 所示。如果订阅用户发送的消息内有设置的关键字,公众号运营者可以通过添加规则,把设置在"规则名"中的回复内容自动发送给订阅用户(关键字不能超过 30 个。可选择是否全匹配,如果设置了全匹配,则关键字必须全部匹配才生效)。

图 1-10 关键词自动回复

### 2. 自定义菜单

公众号可以在会话界面底部设置自定义菜单,但一级菜单最多 3 个,每个一级菜单最多包含 5 个二级菜单。而一级菜单名称最多由 4 个汉字组成,如图 1-11 所示。二级菜单名称最多由 7 个汉字组成,多出来的部分会以"..."表示。

## 1.4.2 开发模式

通过微信公众平台开发模式,可以实现微信编辑模式下的几乎所有的功能,同时提供丰富的接口,实现编辑模式不能满足的应用场景,如特殊业务对接、用户身份验证等。顾名思义,开发模式主要面向具有开发能力的运营者,公众号的功能都需要通过编程实现,实现的功能一般比较复杂,所以这种模式对运营者的要求很高。另外

图 1-11 自定义菜单

需要强调的是,如果想在开发模式下实现所有功能,就必须进行微信的高级认证。

登录公众平台账号,如图 1-12 所示,进入"开发"→"基本配置"页面,勾选成为开发者。必须先申请成为开发者,才能开启开发模式。

开发模式相对于编辑模式而言,优点如下。

(1)可调用网络 API,实现天气、股票、快递、笑话、音乐等信

图 1-12 开发界面

息的查询。

（2）对接数据库。对于企业来说，一般都有自己的数据库，而在编辑模式下是不能进行数据库对接的。通过开发模式，可以实现自己网站、论坛上数据库的完美对接。

（3）可实现在线移动支付。通过开发模式的二次开发，可以实现基于手机端的移动支付。

（4）用户的回复消息可突破 300 字限制。

与编辑模式相比，开发模式唯一的不足是需要开发者具有一定的开发实践经验，能动手开发。本书的微信平台开发技术主要是站在开发者的角度深入讲解微信公众平台应用开发的技术，以及与其他技术的结合，所以学会开发模式的使用是本书的重中之重。

## 本章小结

本章简要介绍了微信公众平台的概念、公众平台的发展历程、公众平台的功能与公众号的分类，并详细说明了公众平台账号的申请流程。通过本章的学习，读者应对微信平台有了较清晰的了解，可以申请一个自己的公众平台账号，为后面学习微信平台开发打基础。

## 动手实践

学习完前面的内容，下面来动手实践一下吧。

结合公众号的分类及其功能权限介绍，按照微信公众号的注册流程注册一个微信订阅号，设置消息自动回复，以及自定义菜单，并进行关注测试。

# 第 2 章 微信公众平台开发准备

## 学习目标

- 能够搭建好开发环境。
- 掌握接口在线调试工具调试接口的方法。
- 掌握基础接口调用凭证与获取微信服务器 IP 地址的方法。
- 掌握微信 Web 开发调试工具的使用方法。

上一章对微信公众平台的概念、发展历程、注册与认证流程等进行了详细介绍，也简要介绍了编辑与开发模式。相信大家已经能够使用编辑模式实现一些满足特定需求的公众号的功能，但是如果有用户身份验证、对接企业业务系统、个性化回复消息等功能的需求，则只有在开发模式下才能实现。后面几章的内容都是基于开发模式的微信公众号中服务号的开发，在开发之前需要搭建好开发环境。所以本章主要介绍微信公众平台开发环境的准备工作。

## 2.1 开发环境搭建

当开发微信公众号的应用后，需要将其部署到公网服务器进行测试，因为每当微信用户向公众号发起请求时，微信服务器都会先接收到用户的请求，然后转发到服务器上。也就是说，微信服务器要与服务器进行网络交互，所以必须保证服务器可以通过外网访问到。本节将要介绍怎样获取服务器资源、填写服务器配置信息与验证服务器地址的有效性。

### 2.1.1 接入指南

#### 1. 获取服务器资源

微信公众号所需的服务器种类包括云主机、虚拟空间、新浪 SAE（Sina App Engine）与百度 BAE（Baidu App Engine）等。云主机是指自己托管于互联网数据中心（Internet Data Center，IDC）机房的服务器或者第三方服务商提供的服务器，一般一个人使用一整台服务器；虚拟空间是第三方服务商将一台主机分成多个虚拟主机，供多人使用；而新浪 SAE、百度 BAE 可以申请免费使用，但是有一定条件限制。许多个人开发者和中小企业，可能没有属于自己的服务器资源。人们平时在个人计算机上部署的应用都在局域网环境中，只能供自己或局域网用户访问，公网用户无法访问。但公众平台上的程序需要与微信服务器进行交互，因此必须部署在公网环境中。

以下以新浪 SAE 为例介绍如何申请免费的 SAE 应用空间以及上传程序文件。

（1）申请账号

在浏览器的地址栏中输入网址 http://sae.sina.com.cn/，进入新浪云首页，在该页面中可以选择微博登录或注册账号。注册过程中，在图 2-1 所示的界面中填写微博账号与密码，或扫描二维码登录后直接跳转到微博授权确认部分，新浪云注册页面如图 2-2 所示。

图 2-1　新浪云登录页面

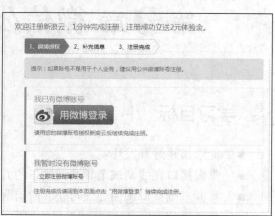

图 2-2　新浪云注册页面

（2）创建应用

注册成功后的页面如图 2-3 所示，在最上方左侧找到控制台，并从下拉列表中找到云应用 SAE。在跳转后的图 2-4 所示的应用管理部分单击"创建新应用"按钮。

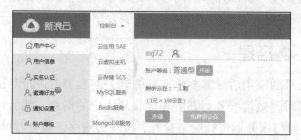

图 2-3　注册成功页面

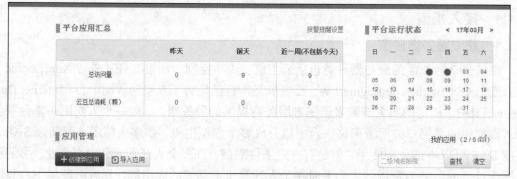

图 2-4　创建应用页面

单击"创建新应用"按钮后将会提示禁止违规行为，单击"继续创建"按钮，弹出创建应用的部署环境、云空间配置、应用信息填写页面。在部署环境模块的运行环境中选择标准环境，如图 2-5 所示。

（3）创建版本

应用创建后将直接跳转至"代码管理"页面，如图 2-6 所示，单击页面中的"创建版本"按钮,将会弹出图 2-7 所示的页面,填写创建的版本号。

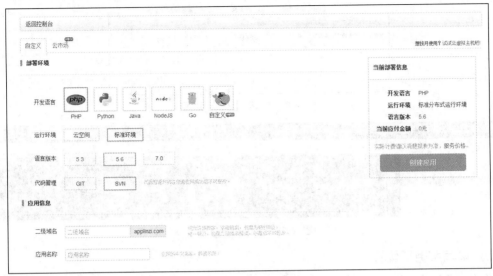

图 2-5 "部署环境"页面

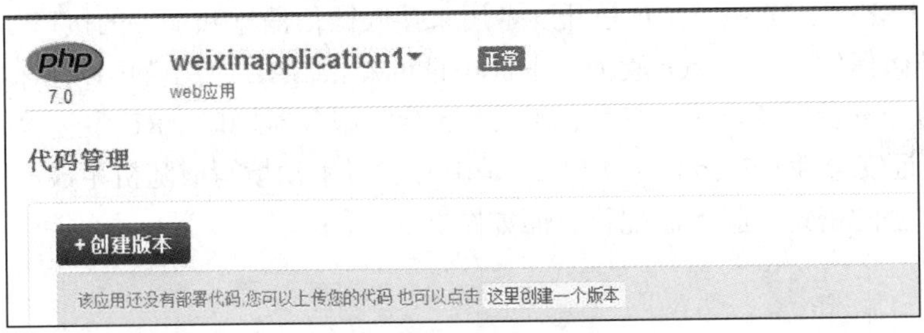

图 2-6 "代码管理"页面

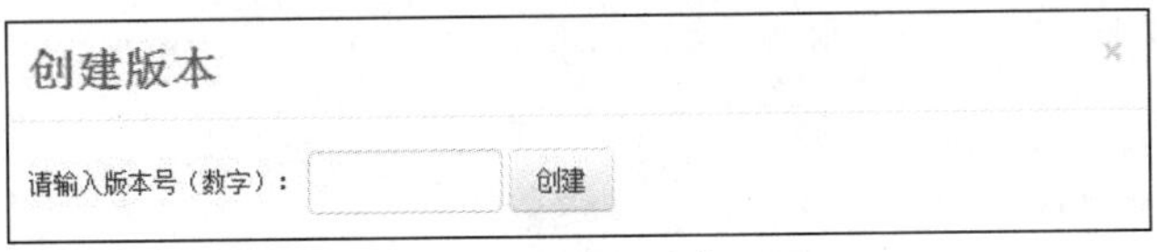

图 2-7 "创建版本"页面

(4)上传代码

在图 2-8 中,单击"上传代码包"链接将会弹出"代码上传"页面,如图 2-9 所示。人们只需将微信公众号开发的相关代码压缩包上传至该应用,就可以运行。而单击"编辑代码"链接就可以看到上传的代码文件,并进行编辑,如图 2-10 所示。需要注意的是,新浪云只支持 zip、gz、tar.gz 格式的代码包,其他格式的暂时不支持。

图 2-8 版本显示

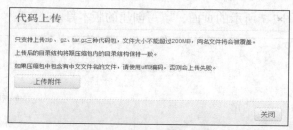

图 2-9 "代码上传"页面

图 2-10 代码编辑页面

### 2. 填写服务器配置

在基本配置页面单击"修改配置"按钮，需要填写的配置信息有 3 个：URL、Token 和 EncodingAESKey。其中，URL 是开发者用来接收微信消息和事件的接口 URL，该 URL 必须正确响应微信发送的 Token 验证，上面申请的新浪 SAE 应用就可以用来验证 Token；而 Token 是由开发者任意填写的签名，该 Token 会与服务器接口 URL 中包含的 Token 进行比对，从而验证安全性；EncodingAESKey 是由开发者手动填写或随机生成的，主要是用于消息体加密解密的密钥。服务器配置页面如图 2-11 所示。

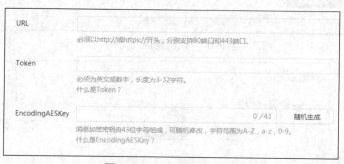

图 2-11 服务器配置页面

与此同时，开发者可以根据业务需要选择消息加解密方式：明文模式、兼容模式或者安全模式。这 3 种模式的安全级别有明显的区别，如图 2-12 所示。加解密默认模式为明文模式，选择兼容模式和安全模式时需要写好相关加解密代码。

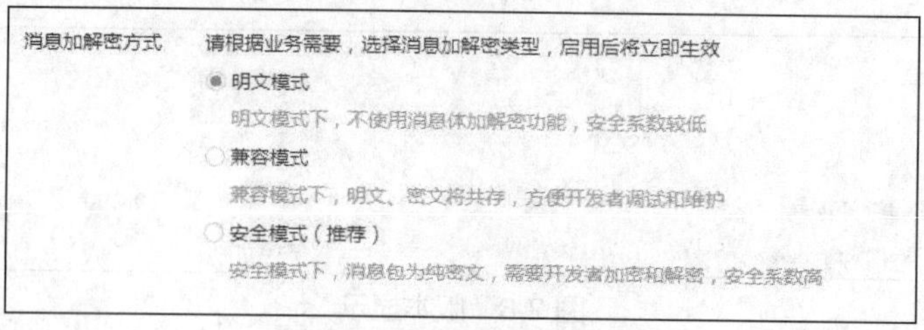

图 2-12 消息加解密方式

### 3. 验证服务器地址的有效性

开发者提交配置信息后，微信服务器将发送 GET 请求到填写的 URL 上，从而验证消息的确来自微信服务器，GET 请求携带参数如表 2-1 所示。

表 2-1 GET 请求参数列表

| 参数 | 描述 |
| --- | --- |
| signature | 微信加密签名，signature 结合了开发者请求中的 timestamp 参数，nonce 参数 |
| timestamp | 时间戳 |
| nonce | 随机数 |
| echostr | 随机字符串 |

获得 GET 请求的几个参数后，开发者就可以通过 signature 对请求进行校验。开发者开发的校验程序要能够处理 GET 请求，并对请求者进行身份验证，确保请求来自微信服务器。校验流程如下：

① 首先将 token、timestamp、nonce 这个参数进行字典序排序；
② 随后将 3 个参数字符串拼接成一个字符串并进行 sha1 加密；
③ 开发者获得加密后的字符串后可与 signature 对比，标识该请求来源于微信，原样返回 echostr 参数内容，则接入生效。

检验 signature 的 C#示例代码如下：

```
1.    public void ProcessRequest (HttpContext context)
2.    {
3.        string s = "";
4.        List<string>l = newList<string>();
5.        l.Add ("你填写的token");
6.        l.Add (context.Request.QueryString["timestamp"]);
7.        l.Add (context.Request.QueryString["nonce"]);
8.        l.Sort ();
9.        foreach (string_s in l) s +=_s;
10.       s= FormsAuthentication.HashPasswordForStoringInConfigFiles (s,"SHA1").ToLower();
11.       if (s == context.Request.QueryString["signature"])
12.       {
13.           context.Response.Write(context.Request.QueryString["echostr"]);
14.       }
15.    }
16.    public bool IsReusable{
17.        get{
18.            return false;
19.        }
20.    }
```

接入成功后将成为开发者，可以申请微信认证，获得更多开发接口，实现企业或个人业务需求。

### 2.1.2 接口测试号申请

考虑到用户体验和安全性，微信公众号的注册设置了权限。某些高级接口权限需要微信认证后才可以获取,微信认证必须是企业或组织才能申请,个人是不可以的。所以,为了帮助开发者快速了解和上手微信公众号开发,熟悉各个接口的调用,微信团队推出了微信公众号测试号,测试号的申请比较简单,通过扫描二维码就可以获得测试号。

(1)输入网址 http://mp.weixin.qq.com/debug/cgi-bin/sandbox?t=sandbox/login,进入微信公众平台接口测试账号申请页面。

(2)在出现的页面中单击"登录"按钮即会跳转至图 2-13 左侧所示的微信二维码页面,使用手机微信扫一扫网页中的二维码,手机就会出现图 2-13 右侧所示的登录公众平台测试账号系统页面。

图 2-13　微信二维码页面及微信公众平台测试账号系统登录页面

(3)单击"确认登录"按钮,网页端将会进入测试号管理页面。在该页面中将会提供测试号信息、接口配置信息与测试号二维码,包括 AppID 和 AppSecret 的测试号信息。除此以外,还需要填写接口配置信息,包括微信账号连接的 URL 网址和 Token 令牌号。Token 是指任意字符串,该字符串必须与 URL 网页中的 Token 相同。若没有服务器,可以按照 2.1.1 小节中的步骤申请一个 SAE 免费空间。

输入完毕后,单击"提交"按钮。连接成功后,将看到图 2-14 所示的页面。图 2-14 所示的只是部分接口的截图,若要详细了解测试账号的接口权限,可申请一个测试账号进行体验。

| 类目 | 功能 | 接口 | 每日调用上限/次 | 操作 |
|---|---|---|---|---|
| 对话服务 | 基础支持 | 获取access_token | 2000 | |
| | | 获取微信服务器IP地址 | 无上限 | |
| | 接收消息 | 验证消息真实性 | 无上限 | |
| | | 接收普通消息 | 无上限 | |
| | | 接收事件推送 | 无上限 | |
| | | 接收语音识别消息 | 无上限 | 开启 |
| | 发送消息 | 自动回复 | 无上限 | |
| | | 客服接口 | 500000 | |
| | | 群发接口 | 详情 ▼ | |
| | | 模板消息(业务通知) | 100000 | |
| | 用户管理 | 用户分组管理 | 详情 ▼ | |
| | | 设置用户备注名 | 10000 | |
| | | 获取用户基本信息 | 500000 | |

图 2-14　测试账号接口权限表

## 第 2 章 微信公众平台开发准备

### 2.1.3 接口在线调试

为了方便微信开发者熟悉各个接口的调用，微信团队推出了微信公众平台接口在线调试工具，输入网址 https://mp.weixin.qq.com/debug/，出现的界面如图 2-15 所示。

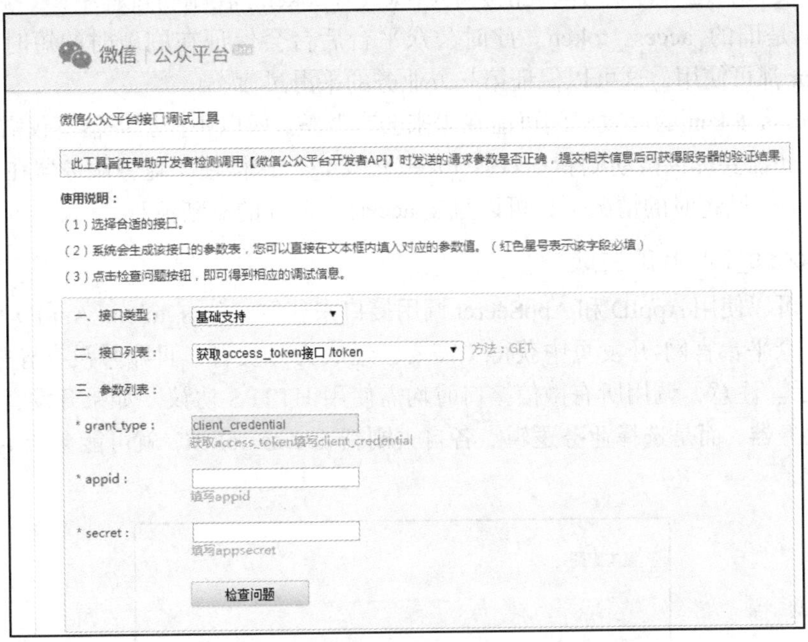

图 2-15 微信公众平台接口在线调试工具界面

该工具会根据开发者选择的接口类型（比如基础支持、向用户发送消息、用户管理、自定义菜单等九大接口）自动生成相应接口的参数列表，开发者只需填写对应的参数值并单击"检查问题"按钮就会得到相应的调试信息。比如选择接口类型为基础支持，接口列表的下拉列表中的选项显示为获取 access_token 接口 /token、多媒体文件上传接口 /media/upload、下载多媒体文件接口 /media/get、上传 logo 接口 /media/uploading。而参数列表将会根据选择的接口类型而显示相应的参数。

## 2.2 基础接口

微信公众平台中的基础支持接口包括获取 access_token 和获取微信服务器 IP 地址。不管公众平台是哪种类型的账号，都支持这两种基础支持接口，获得基础接口也无须账号认证。

### 2.2.1 获取接口调用凭证

access_token 是公众号的全局唯一接口调用凭据。公众号调用各接口时都需使用 access_token，需要进行妥善保存。access_token 的存储至少要保留 512 个字符空间。access_token 的有效期目前为 2h，也就是 7200s，因此需要定时刷新，而重复获取将导致上次获取的 access_token 失效。

1. access_token 的使用

（1）为了对 appsecret 进行保密，开发者或运营商需要一个获取和刷新 access_token 的中控服务器。而其他业务逻辑服务器所使用的 access_token 均来自于该中控服务器，不能各自去刷新，否则会造成 access_token 覆盖而影响业务。

（2）access_token 的有效期通过返回的 expire_in 来传达，目前是 7200s 以内的值。中控服务器需要根据这个有效时间提前去刷新 access_token。在刷新过程中，中控服务器对外输出的依然是旧的 access_token。此时公众平台后台会保证在刷新时的短时间内，新旧 access_token 都可使用，这可以保证第三方业务的平滑过渡。

（3）access_token 的有效时间可能在未来会有调整，所以中控服务器不仅需要内部定时主动刷新，还需要提供被动刷新 access_token 的接口，这样便于业务服务器在 API 调用获知 access_token 已超时的情况下，可以触发 access_token 的刷新流程。

### 2. access_token 的生成

公众号可以使用 AppID 和 AppSecret 调用接口来获取 access_token。AppID 和 AppSecret 可在微信公众平台官网-开发页中获得（需要已经成为开发者，且账号没有异常状态），如图 2-16 所示。注意，调用所有微信接口时均需使用 HTTPS 协议。如果开发者或运营商不使用中控服务器，而是选择业务逻辑点各自去刷新 access_token，就可能会产生冲突，导致服务不稳定。

图 2-16　开发者配置

HTTP 请求方式：GET。

https://api.weixin.qq.com/cgi-bin/token?grant_type=client_credential&appid=APPID&secret=APPSECRET

参数说明如表 2-2 所示。

表 2-2　获取 access_token 参数说明

| 参数名称 | 是否必须 | 参数描述 |
| --- | --- | --- |
| grant_type | 是 | 获取 access_token 填写 client_credential |
| appid | 是 | 第三方用户唯一凭证 |
| secret | 是 | 第三方用户唯一凭证密钥，即 appsecret |

正常情况下，微信会返回下述 JSON 数据包给公众号。

```
21. {
22.     "access_token":"ACCESS_TOKEN","expires_in":7200
23. }
```

## 第 2 章  微信公众平台开发准备

JSON 数据包参数说明如表 2-3 所示。

表 2-3  获取 access_token 返回 JSON 数据包参数说明

| 参数名称 | 参数描述 |
| --- | --- |
| expires_in | 凭证有效时间（单位：秒） |

错误时，微信会返回错误码等信息，JSON 数据包示例如下（该示例为 AppID 无效错误）。

```
1.  {
2.      "errcode":40013,"errmsg":"invalid appid"
3.  }
```

### 2.2.2  获取微信服务器 IP 地址

如果公众号基于安全等考虑，需要获知微信服务器的 IP 地址列表，以便进行相关限制。可以通过获取微信服务器 IP 地址接口获得微信服务器 IP 地址列表或者 IP 网段信息。

HTTP 请求方式：GET。

https://api.weixin.qq.com/cgi-bin/getcallbackip?access_token=ACCESS_TOKEN

正常情况下，微信会返回下述 JSON 数据包给公众号。

```
1.  {
2.      "ip_list":[
3.         "127.0.0.1",
4.         "127.0.0.2",
5.         "101.226.103.0/25"
6.      ]
7.  }
```

参数说明如表 2-4 所示。

表 2-4  获取微信服务器 IP 返回 JSON 包参数说明

| 参数名称 | 参数描述 |
| --- | --- |
| ip_list | 微信服务器 IP 地址列表 |

错误时，微信会返回错误码等信息，JSON 数据包示例如下（该示例为 AppID 无效错误）。

```
1.  {
2.      "errcode":40013,"errmsg":"invalid appid"
3.  }
```

## 2.3  微信 Web 开发调试工具

为了帮助开发者更方便、更安全地开发和调试基于微信的网页，微信公众号团队推出了 Web 开发者工具。它是一个桌面应用，通过模拟微信客户端的表现，使得开发者可以使用这个工具方便地在 PC 或者 Mac 上进行开发和调试工作。这样，人们就可以通过自己的微信号来调试微信网页授权。微信 Web 开发者工具的界面如图 2-17 所示。

图 2-17　微信 Web 开发者工具界面

如图 2-17 所示，顶部菜单栏是刷新、后退、选中地址栏等动作的统一入口，以及微信客户端版本的模拟设置页。左侧是微信的 WebView 模拟器，可以直接操作网页，模拟用户的真实行为。右侧上方是地址栏（用于输入待调试的页面链接）和"清除缓存"按钮。右侧下方是相关的请求和返回结果，以及调试界面和"登录"按钮。

通过微信 Web 开发者工具，人们不仅可以使用自己的微信号调试微信网页授权，还可以调试、检验页面的 JS-SDK 相关功能与权限，模拟大部分 SDK 的输入与输出。该工具还支持基于 weinre 的移动调试功能，支持 X5 Blink 内核的远程调试，支持与 Chrome DevTools 的集成协助开发。

### 2.3.1　调试微信网页授权

如果用户在微信客户端中访问第三方网页，公众号可以通过微信网页授权机制来获取用户基本信息，进而实现业务逻辑。

之前在开发基于微信的网页授权的功能时，开发者通常需要在手机上输入 URL 来获取用户信息，从而进行开发和调试工作。但这个过程会受到手机的诸多限制，开发和调试的过程会很不方便。现在通过使用微信 Web 开发者工具，开发者就可以直接在 PC 或者 Mac 上进行这种调试，具体操作步骤如下。

（1）开发者可以在调试器中单击"登录"按钮，使用手机微信扫码登录，从而使用真实的用户身份或测试号来开发和调试微信网页授权。确认手机登录页中绑定的公众号为"微信 Web 开发者工具"，如图 2-18 所示。

（2）为了保证开发者身份信息的安全，对于希望调试的公众号，首先要求开发者微信号与之建立绑定关系。具体操作：公众号登录管理后台，启用开发者中心，在"开发者工具"→"Web 开发者工具"页面，向开发者微信号发送绑定邀请，开发者在手机微信上接受邀请就可完成绑定。每个公众号最多可同时绑定 10 个开发者微信号。"开发者工具"页面和"Web 开发者工具"页面分别如图 2-19 和图 2-20 所示。

# 第 2 章　微信公众平台开发准备

图 2-18　使用手机微信登录微信 Web 开发者工具

图 2-19　"开发者工具"页面

图 2-20　"Web 开发者工具"页面

（3）完成登录和绑定之后就可开始调试微信网页授权，但只能调试自己绑定过的公众号。

非静默授权的 URL 样例：

https://open.weixin.qq.com/connect/oauth2/authorize?appid=wx841a97238d9e17b2&redirect_uri=http://cps.dianping.com/weiXinRedirect&response_type=code&scope=snsapi_userinfo&state=type%3Dquan%2Curl%3Dhttp%3A%2F%2Fmm.dianping.com%2Fweixin%2Faccount%2Fhome

静默授权的 URL 样例：

https://open.weixin.qq.com/connect/oauth2/authorize?appid=wx841a97238d9e17b2&redirect_uri=http://cps.dianping.com/weiXinRedirect&response_type=code&scope=snsapi_base&state=type%3Dquan%2Curl%3Dhttp%3A%2F%2Fmm.dianping.com%2Fweixin%2Faccount%2Fhome

### 2.3.2 调试 JS-SDK 的相关功能

微信 JS-SDK 是微信公众平台面向网页开发者提供的基于微信内的网页开发工具包。

通过使用微信 JS-SDK，网页开发者可借助微信高效地使用拍照、选图、语音、位置等手机系统的功能，同时可以直接使用微信分享、扫一扫、卡券、支付等微信特有的功能，为微信用户提供更优质的网页体验。

通过微信 Web 开发者调试工具，人们可以检验页面的 JS-SDK 权限，模拟大部分 JS-SDK 接口的输入及输出。

#### 1. JS-SDK 的使用

（1）绑定域名

登录微信公众平台，在"公众号设置"的"功能设置"中填写"JS 接口安全域名"即可完成域名的绑定。登录后可在"开发者中心"查看对应的接口权限。

（2）引入 JS 文件

在需要调用 JS 接口的页面引入如下 JS 文件（支持 HTTPS）：

http://res.wx.qq.com/open/js/jweixin-1.0.0.js

如需使用摇一摇周边功能，可引入 http://res.wx.qq.com/open/js/jweixin-1.1.0.js。

在调用接口时支持使用 AMD/CMD 标准模块加载方法加载。

（3）通过 config 接口注入权限验证配置

所有需要使用 JS-SDK 的页面都需要注入配置信息，否则将无法调用。而同一个 URL 仅需调用一次。对于变化 URL 的 SPA 的 Web App，可以在 URL 变化时进行调用。目前 Android 微信客户端不支持 pushState 的 H5 新特性，所以使用 pushState 来实现 Web App 的页面会导致签名失败，此问题将会在 Android 6.2 中修复。

```
1.    wx.config({
2.       debug: true,      // 开启调试模式,调用的所有 API 的返回值会在客户端提示出来
//若要查看传入的参数,可以在 PC 端打开,参数信息会通过 log 导出,仅在 PC 端时才会打印
3.       appId: '',        // 必填,公众号的唯一标识
4.       timestamp:,       // 必填,生成签名的时间戳
5.       nonceStr: '',     // 必填,生成签名的随机串
```

## 第 2 章 微信公众平台开发准备

```
6.        signature: '',      // 必填,签名
7.        jsApiList: []       // 必填,需要使用的 JS 接口列表
8.     });
```

(4) 通过 ready 接口处理成功验证

```
1.  wx.ready(function(){
2.     // config 信息验证后会执行 ready 方法,所有接口调用都必须在 config 接口获得结
//果之后。config 是一个客户端的异步操作,所以如果需要在页面加载时就调用相关接口,则须把相
//关接口放在 ready 函数中调用来确保正确执行。对于用户触发时才调用的接口,则可以直接调用,不
//需要放在 ready 函数中
3.  });
```

(5) 通过 error 接口处理失败验证

```
1.  wx.error(function(res){
2.     //config 信息验证失败会执行 error 函数,如签名过期导致验证失败,具体错误信息
//可以打开 config 的 debug 模式查看,也可以在返回的 res 参数中查看。对于 SPA,可以在这里更
//新签名
3.  });
```

以上所有接口通过 wx 对象(也可使用 jWeixin 对象)来调用,参数是一个对象,除了每个接口本身需要传递的参数之外,还有以下通用参数。

- success:接口调用成功时执行的回调函数。
- fail:接口调用失败时执行的回调函数。
- complete:接口调用完成时执行的回调函数,无论成功或失败都会执行。
- cancel:用户单击"取消"按钮时的回调函数,仅部分进行用户取消操作的 API 才会用到。
- trigger:监听 Menu 中的按钮单击时触发的方法,该方法仅支持 Menu 中的相关接口。

不要尝试在 trigger 中使用 AJAX 异步请求修改本次分享的内容,因为客户端分享操作是一个同步操作,无法使用 AJAX。

以上几个函数都带有一个参数,类型为对象,其中除了每个接口本身返回的数据之外,还有一个通用属性 errMsg,其值的格式如下。

调用成功时:xxx:ok,其中 xxx 为调用的接口名。
用户取消时:xxx:cancel,其中 xxx 为调用的接口名。
调用失败时:其值为具体错误信息。

### 2. 基础接口

判断当前客户端版本是否支持指定 JS 接口的方法如下。

```
1.  wx.checkJsApi{
2.     jsApiList: ['chooseImage'], // 需要检测的 JS 接口列表
3.     success: function(res) {
4.      // 以键值对的形式返回, API 值可用为 true,不可用为 false
5.      // 如{"checkResult":{"chooseImage":true},"errMsg":"checkJsApi:ok"}
6.     }
7.  });
```

checkJsApi 接口是客户端 6.0.2 新引入的一个预留接口。第一期开放的接口均可不使用

checkJsApi 来检测。

（1）分享接口

① 获取"分享到朋友圈"按钮单击状态及自定义分享内容接口。

```
1.  wx.onMenuShareTimeline({
2.      title: '',           // 分享标题
3.      link: '',            // 分享链接
4.      imgUrl: '',          // 分享图标
5.      success: function () {
6.          //用户确认分享后执行的回调函数
7.      },
8.      cancel:function () {
9.          // 用户取消分享后执行的回调函数
10.     }
11. });
```

② 获取"分享给朋友"按钮单击状态及自定义分享内容接口。

```
1.  wx.onMenuShareAppMessage({
2.      title: '',           // 分享标题
3.      desc: '',            // 分享描述
4.      link: '',            // 分享链接
5.      imgUrl: '',          // 分享图标
6.      type: '',            // 分享类型(music、video 或 link)，不填则默认为 link
7.      dataUrl: '',         // 如果 type 是 music 或 video，则要提供数据链接，默认为空
8.      success: function () {
9.          //用户确认分享后执行的回调函数
10.     },
11.     cancel:function () {
12.         // 用户取消分享后执行的回调函数
13.     }
14. });
```

③ 获取"分享到 QQ"按钮单击状态及自定义分享内容接口。

```
1.  wx.onMenuShareQQ({
2.      title: '',           // 分享标题
3.      desc: '',            // 分享描述
4.      link: '',            // 分享链接
5.      imgUrl: '',          // 分享图标
6.      success: function () {
7.          //用户确认分享后执行的回调函数
8.      },
9.      cancel:function () {
10.         // 用户取消分享后执行的回调函数
11.     }
12. });
```

④ 获取"分享到腾讯微博"按钮单击状态及自定义分享内容接口。

```
1.  wx.onMenuShareWeibo({
2.      title: '',           // 分享标题
3.      desc: '',            // 分享描述
4.      link: '',            // 分享链接
```

```
5.     imgUrl: '',          // 分享图标
6.     success: function () {
7.       //用户确认分享后执行的回调函数
8.     },
9.     cancel:function () {
10.      // 用户取消分享后执行的回调函数
11.    }
12. });
```

⑤ 获取"分享到 QQ 空间"按钮单击状态及自定义分享内容接口。

```
1.  wx.onMenuShareQZone({
2.     title: '',           // 分享标题
3.     desc: '',            // 分享描述
4.     link: '',            // 分享链接
5.     imgUrl: '',          // 分享图标
6.     success: function () {
7.       //用户确认分享后执行的回调函数
8.     },
9.     cancel:function () {
10.      // 用户取消分享后执行的回调函数
11.    }
12. });
```

（2）图像接口

① 拍照或从手机相册中选择图片。

```
1.  wx.chooseImage({
2.     count: 1, // 默认9
3.     sizeType: ['original', 'compressed'],
                  // 可以指定是原图还是压缩图，默认二者都有
4.     sourceType: ['album', 'camera'],
                  // 可以指定来源是相册还是相机,默认二者都有
5.     success: function (res) {
6.       var localIds = res.localIds;
         // 返回选定照片的本地 ID 列表，localId 可以作为 img 标签的 src 属性显示图片
7.     }
8.  });
```

② 预览图片接口。

```
1.  wx.previewImage({
2.     current: '',          // 当前显示图片的 HTTP 链接
3.     urls: []              // 需要预览的图片 HTTP 链接列表
4.  });
```

③ 上传图片接口。

```
1.  wx.uploadImage({
2.     localId: '',     // 需要上传的图片的本地 ID，由 chooseImage 接口获得
3.     isShowProgressTips: 1,   // 默认为1,显示进度提示
4.     success: function (res) {
5.       var serverId = res.serverId;  // 返回图片的服务器端 ID
6.     }
7.  });
```

上传图片的有效期为 3 天，可用微信多媒体接口下载图片到自己的服务器，此处获得

的 serverId 即 media_id。

④ 下载图片接口。

```
1.  wx.downloadImage({
2.      serverId: '',  // 需要下载的图片的服务器端口 ID，由 uploadImage 接口获得
3.      isShowProgressTips: 1,         // 默认为 1，显示进度提示
4.      success: function (res) {
5.        var localId = res.localId;   // 返回图片下载后的本地 ID
6.      }
7.  });
```

（3）音频接口

① 开始录音接口。

```
1.  wx.startRecord();
```

② 停止录音接口。

```
1.  wx.stopRecord({
2.      success:function (res) {
3.        var localId = res.localId;
4.      }
5.  });
```

③ 监听录音自动停止接口。

```
1.  wx.onVoiceRecordEnd({
2.      // 录音时间超过一分钟没有停止的时候会执行 complete 回调
3.      complete: function (res) {
4.          var localId = res.localId;
5.      }
6.  });
```

④ 播放语音接口。

```
1.  wx.playVoice({
2.      localId: ''  // 需要播放的音频的本地 ID，由 stopRecord 接口获得
3.  });
```

⑤ 监听语言播放完毕接口。

```
1.  wx.onVoicePlayEnd({
2.      success: function (res) {
3.        var localId = res.localId;    // 返回音频的本地 ID
4.      }
5.  });
```

⑥ 上传语音接口。

```
1.  wx.uploadVoice({
2.      localId: '',  // 需要上传的音频的本地 ID，由 stopRecord 接口获得
3.      isShowProgressTips: 1,         // 默认为 1，显示进度提示
4.      success: function (res) {
5.        var serverId = res.serverId;  // 返回音频的服务器端 ID
6.      }
7.  });
```

上传语音的有效期为 3 天，可用微信多媒体接口下载语音到自己的服务器，此处获得的 serverId 即 media_id。目前多媒体文件下载接口的频率限制为 10000 次/天，如果需要调高频率，可登录微信公众平台，在"开发"→"接口权限"的列表中申请提高临时上限。

## 第 2 章　微信公众平台开发准备

⑦ 下载语音接口。

```
1.  wx.downloadVoice({
2.      serverId: '',  // 需要下载的音频的服务器端 ID, 由 uploadVoice 接口获得
3.      isShowProgressTips: 1,          // 默认为 1, 显示进度提示
4.      success: function (res) {
5.          var localId = res.localId;  // 返回音频的本地 ID
6.      }
7.  });
```

（4）智能接口

智能接口的主要作用是识别音频并返回结果。

```
1.  wx.translateVoice({
2.      localId: '',  // 需要识别的音频的本地 ID, 由录音相关接口获得
3.      isShowProgressTips: 1,          // 默认为 1, 显示进度提示
4.      success: function (res) {
5.          alert(res.translateResult);  // 语音识别的结果
6.      }
7.  });
```

（5）设备信息

设备信息接口的主要作用是获取网络状态。

```
1.  wx.getNetworkType({
2.      success: function (res) {
3.          var networkType = res.networkType; // 返回网络类型 2G、3G、4G、Wi-Fi
4.      }
5.  });
```

（6）地理位置

① 使用微信内置地图查看位置接口。

```
1.  wx.openLocation({
2.      latitude: 0,        // 纬度, 浮点数, 范围为-90° ~ 90°
3.      longitude: 0,       // 经度, 浮点数, 范围为-180° ~ 180°
4.      name: '',           // 位置名
5.      address: '',        // 地址详情说明
6.      scale: 1,           // 地图缩放级别, 整型值, 范围为 1~28。默认为最大
7.      infoUrl: ''         // 在查看位置界面底部显示的超链接, 可单击跳转
8.  });
```

② 获取地理位置接口。

```
1.  wx.getLocation({
2.      type: 'wgs84',  // 默认为 wgs84 的 GPS 坐标, 如果要返回直接给 openLocation
                        // 使用的火星坐标, 可传入 "gcj02"
3.      success: function (res) {
4.          var latitude = res.latitude;    // 纬度, 浮点数, 范围为-90° ~90°
5.          var longitude = res.longitude;  // 经度, 浮点数, 范围为-180° ~180°
6.          var speed = res.speed;          // 速度, 以米/秒计
7.          var accuracy = res.accuracy;    // 位置精度
8.      }
9.  });
```

（7）摇一摇周边

① 开启查找周边 ibeacon 设备接口。

```
1.   wx.startSearchBeacons ({
2.       ticket:"",    //摇周边的业务ticket,系统自动添加在摇出来的页面链接后面
3.       complete:function(argv){
4.         //开启查找完成后的回调函数
5.       }
6.   });
```

② 关闭查找周边 ibeacon 设备接口。

```
1.   wx.stopSearchBeacons ({
2.       complete:function(argv){
3.         //关闭查找完成后的回调函数
4.       }
5.   });
```

③ 监听周边 ibeacon 设备接口。

```
1.   wx.onSearchBeacons ({
2.       complete:function(argv){
3.         //回调函数,可以数组形式取得该商家注册的周边的相关设备列表
4.       }
5.   });
```

（8）界面操作

① 关闭当前网页窗口接口。

```
1.   wx.closeWindow();
```

② 批量隐藏功能按钮接口。

```
1.   wx.hideMenuItems({
2.       menuList: [] // 要隐藏的菜单项,只能隐藏"传播类"和"保护类"按钮
3.   });
```

③ 批量显示功能按钮接口。

```
1.   wx.showMenuItems({
2.       menuList: [] // 要显示的菜单项
3.   });
```

④ 隐藏所有非基础按钮接口。

```
1.   wx.hideAllNonBaseMenuItem();
2.   //"基本类"按钮
```

⑤ 显示所有功能按钮接口。

```
1.   wx.showAllNonBaseMenuItem();
```

（9）微信扫一扫

调用微信扫一扫接口的代码如下。

```
1.   wx.scanQRCode({
2.       needResult: 0, // 默认为0,扫描结果由微信处理,1则直接返回扫描结果
3.       scanType: ["qrCode","barCode"],
                        // 可以指定扫二维码还是一维码,默认二者都有
4.       success: function (res) {
5.         var result = res.resultStr; // 当needResult 为 1 时,扫码返回的结果
6.       }
7.   });
```

## 第 2 章　微信公众平台开发准备

（10）微信小店

跳转微信商品页接口的代码如下。

```
1.  wx.openProductSpecificView({
2.      productId: '',  // 商品ID
3.      viewType: ''    // 0, 默认值，普通商品详情页；1, 扫一扫商品详情页；2, 小店商品详情页
4.  });
```

（11）微信卡券

微信卡券接口中使用的签名凭证 api_ticket，与之前的 config 使用的签名凭证 jsapi_ticket 不同，开发者在调用微信卡券 JS-SDK 的过程中需依次完成两次不同的签名，并确保凭证的缓存。

获取 api_ticket：api_ticket 是用于调用微信卡券 JS API 的临时票据，有效期为 7200s，通过 access_token 来获取。

注意事项如下。

① 用于卡券接口签名的 api_ticket 与之前的通过 config 接口注入权限验证配置使用的 jsapi_ticket 不同。

② 由于获取 api_ticket 的 API 调用次数非常有限，频繁刷新 api_ticket 会导致 API 调用受限，影响自身业务，开发者需在自己的服务器中存储与更新 api_ticket。

接口调用请求说明如下。

HTTP 请求方式：GET。

https://api.weixin.qq.com/cgi-bin/ticket/getticket?access_token=ACCESS_TOKEN&type=wx_card

微信卡券接口调用参数说明如表 2-5 所示。

表 2-5　微信卡券接口调用参数说明

| 参数名称 | 是否必须 | 参数说明 |
| --- | --- | --- |
| access_token | 是 | 接口调用凭证 |

返回数据的示例如下：

```
1.  {
2.      "errcode":0,
3.      "errmsg":"ok",
4.      "ticket":"bxLdikRXVbTPdHSM05e5u5sUoXNKdvsdshFKA",
5.      "expires_in":7200
6.  }
```

返回数据的参数说明如表 2-6 所示。

表 2-6　微信卡券接口返回数据参数说明

| 参数名 | 参数描述 |
| --- | --- |
| errcode | 错误码 |
| errmsg | 错误信息 |
| ticket | api_ticket，卡券接口中签名所需凭证 |
| expires_in | 有效时间 |

① 拉取所有卡券列表并获取用户选择信息。

```
1.  wx.chooseCard({
2.      shopId: '',                      // 门店 ID
3.      cardType: '',                    // 卡券类型
4.      cardId: '',                      // 卡券 ID
5.      timestamp: 0,                    // 卡券签名时间戳
6.      nonceStr: '',                    // 卡券签名随机串
7.      signType: '',                    // 签名方式，默认 SHA1
8.      cardSign: '',                    // 卡券签名
9.      success: function (res) {
10.         var cardList= res.cardList;  // 用户选中的卡券列表信息
11.     }
12. });
```

卡券列表与用户选择信息接口参数说明如表 2-7 所示。

表 2-7 卡券列表与用户选择信息接口参数说明

| 参数名称 | 是否必填 | 数据类型 | 示例值 | 参数描述 |
| --- | --- | --- | --- | --- |
| shopId | 否 | string(24) | 1234 | 门店 ID。shopId 用于筛选出拉起带有指定 location_list(shopId)的卡券列表，非必填 |
| cardType | 否 | string(24) | GROUPON | 卡券类型，用于拉起指定卡券类型的卡券列表。当 cardType 为空时，默认拉起所有卡券的列表，非必填 |
| cardId | 否 | string(32) | p1Pj9jr90_SQRaVqYI239Ka1erk | 卡券 ID，用于拉起指定 cardId 的卡券列表，当 cardId 为空时，默认拉起所有卡券的列表，非必填 |
| timestamp | 是 | string(32) | 14300000000 | 时间戳 |
| nonceStr | 是 | string(32) | sduhi123 | 随机字符串 |
| signType | 是 | string(32) | SHA1 | 签名方式，目前仅支持 SHA1 |
| cardSign | 是 | string(64) | abcsdijcous123 | 签名 |

签名错误会导致拉取卡券列表异常或为空，需要仔细检查参与签名的参数的有效性。

拉取列表仅与用户本地卡券有关，拉起列表异常的情况通常有 3 种：签名错误、时间戳无效、筛选机制有误。

② 批量添加卡券接口。

```
1.  wx.addCard({
2.      cardList: [{
3.          cardId: '',
4.          cardExt: ''
5.      }], // 需要添加的卡券列表
6.      success: function (res) {
```

```
7.        var cardList = res.cardList;  // 添加的卡券列表信息
8.     }
9.     success: function (res) {
10.       var cardList= res.cardList;    // 用户选中的卡券列表信息
11.    }
12. });
```

这里的 card_ext 参数必须与参与签名的参数一致，格式为字符串，而不是 Object，否则会报签名错误。建议一次添加的卡券不超过 5 张，否则会超时报错。

③ 查看微信卡包中的卡券接口。

```
1. wx.openCard({
2.    cardList: [{
3.      cardId: '',
4.      code: ''
5.    }], // 需要打开的卡券列表
6. });
```

（12）微信支付

发起一个微信支付请求的方法如下：

```
1. wx.chooseWXPay({
2.    timestamp: 0,   // 支付签名时间戳,注意微信 JS-SDK 中所有使用的 timestamp
   //字段均为小写。但最新版的支付后台生成签名使用的 timeStamp 字段名需大写其中的 S 字符
3.    nonceStr: '',   // 支付签名随机串,不长于 32 位
4.    package: '',
                   // 统一支付接口返回的 prepay_id 参数值,提交格式如 prepay_id=***
5.    signType: '',  // 签名方式,默认为"SHA1",使用新版支付需传入"MD5"
6.    paySign: '',    // 支付签名
7.    success: function (res) {
8.      // 支付成功后的回调函数
9.    }
10. });
```

prepay_id 通过微信支付统一下单接口获得，paySign 采用统一的微信支付 Sign 签名生成方法。注意，这里的 appId 也要参与签名，appId 与 config 中传入的 appId 一致，即最后参与签名的参数有 appId、timestamp、nonceStr、package、signType。

### 3．JS-SDK 调试

通过 Web 开发者工具，可以模拟 JS-SDK 在微信客户端的请求，并直观地看到校验结果和 log。以微信 JS-SDK DEMO 页面为例：http://demo.open.weixin.qq.com/jssdk。

在 Web 开发者工具中打开该 URL，可以方便地在右侧的 JS-SDK Tab 中看到当前页面 wx.config 的校验情况和 JS-SDK 的调用 log。图 2-21 所示为校验通过的页面。

在"权限列表"页面中可以看到当前页面的 JS-SDK，如图 2-22 所示，微信 JS-SDK DEMO 页面包含 35 个接口权限。

图 2-21 通过 JS-SDK 校验的页面

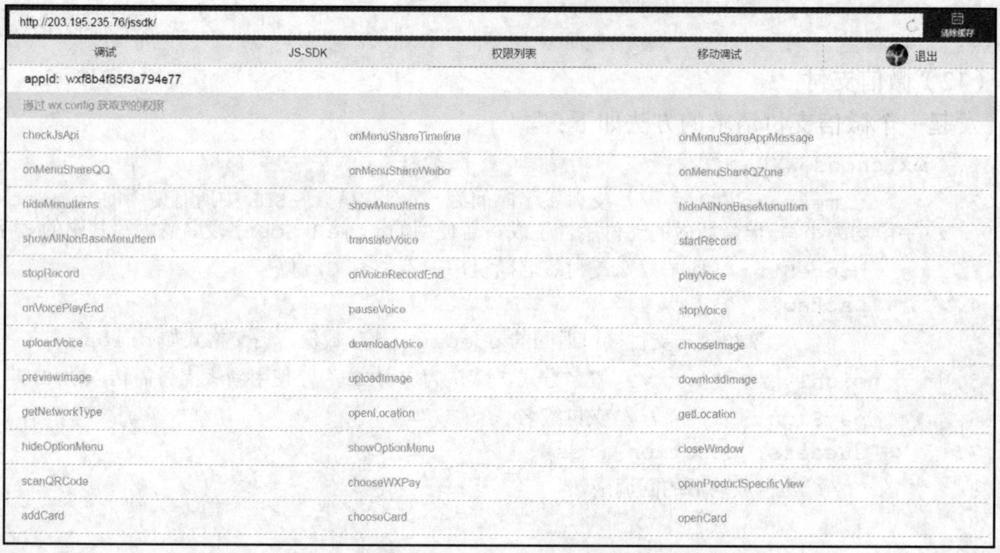

图 2-22 JS-SDK 权限列表

### 2.3.3 移动调试

移动端网页的表现通常和桌面浏览器上的有所区别，包括样式的呈现、脚本的逻辑等，会为开发者带来一定的困扰。而现在，微信安卓客户端的 Webview 已经全面升级至 X5 Blink 内核，新的内核无论是在渲染能力、API 支持还是在开发辅助方面都有很大进步。通过微信 Web 开发者工具中的远程调试功能，实时映射手机屏幕到微信 Web 开发者工具上，将帮助开发者更高效地调试 X5 Blink 内核的网页，具体步骤如下。

#### 1. 准备工作

（1）安装 0.5.0 或以上版本的微信 Web 开发者工具。

（2）确认移动设备是否支持远程调试功能。

打开微信 Web 开发者工具，选择"移动调试"页面，通过单击验证移动设备是否支持，随后使用移动设备扫描弹出的二维码，在设备上即可获取支持信息，如图 2-23 所示。

# 第 2 章　微信公众平台开发准备

图 2-23 "移动调试"页面

（3）打开移动设备中的 USB 调试功能。Andriod 4.2 之后的设备，开发人员选项默认是隐藏的，可以通过以下步骤打开。

① 打开移动设备，进入"设置"→"关于手机"页面；
② 找到并单击"内部版本号"7 次就可以打开开发者选项。

（4）安装移动设备 USB 驱动。通常开发者可以在移动设备厂商的官网中下载相关驱动，或者使用腾讯手机管家来安装设备驱动。安装设备驱动后单击来连接手机，连接后将会同步显示手机屏幕信息。图 2-24 所示为华为 USB 驱动连接手机成功的界面。

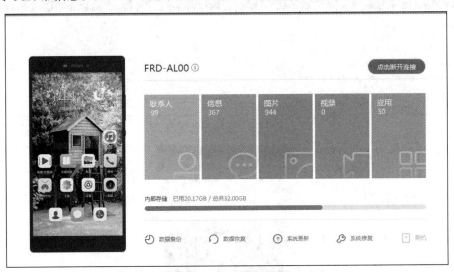

图 2-24 华为 USB 驱动连接手机成功界面

（5）打开 X5 Blink 内核的 Inspector 功能。打开微信 Web 开发者工具，选择"移动调试"页面，使用移动设备的微信扫描"调试步骤"中的二维码。如图 2-25 所示，勾选"是否打开 TBS 内核 Inspector 调试功能"复选框，并重启微信。

图 2-25　X5 调试页面

2. 开始调试

使用 USB 数据线将移动设备与 PC 或 Mac 端连接后，打开微信 Web 开发者工具的"移动调试"页面，选择 X5 Blink 调试功能，将会打开一个新窗口，在微信中访问任意网页即可开始调试。在所有准备工作都完成的情况下，窗口中可以看到当前设备的基本信息，如图 2-26 所示，手机显示对应的信息，如图 2-27 所示。单击图 2-26 中的超链接 inspect，就可启动移动调试功能。

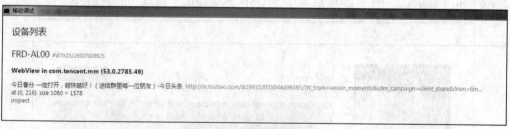

图 2-26　连接设备信息

图 2-27　手机微信打开的网页信息

## 第 2 章　微信公众平台开发准备

微信 Web 开发者工具集成的移动调试功能，基于 weinre 做了一些改进，相比直接使用 weinre 有两个优点：

- 无须手工在页面中加入 weinre 调试脚本；
- 可以在 weinre 的网络请求页中看到完整的 HTTP 请求 log，不局限于 AJAX 请求。

但是需要注意的是，移动调试功能暂时不支持 HTTPS 协议。

### 2.3.4　与 Chrome 集成与调试

微信开发者工具上集成了 Chrome Tools 模块，人们可以直接在微信 Web 开发者工具上对相关元素的样式进行调试，该功能与之前在 PC 上的调试体验一致，如图 2-28 所示。

图 2-28　与 Chrome Tools 模块的集成

## 本章小结

本章首先介绍了微信公众平台开发的准备，包括开发环境搭建、基础接口的使用与微信 Web 开发者工具的使用。其中，开发环境搭建需要完成的是填写服务器配置，验证服务器地址的有效性，申请测试账号，接口在线调试工具的使用。而基础接口部分主要是获取 access_token 与微信服务器 IP 的方法。微信 Web 开发者工具是一个 PC 或 Mac 端的应用程序，不仅可完成微信网页授权、JS-SDK 权限校验的调试，还集成了移动设备 X5 内核调试模块与 Chrome DevTools 模块。通过这一章的学习，读者已基本清楚微信公众平台的开发准备工作，并为后面的学习打下了坚实的基础。

## 动手实践

结合开发者接入指南的介绍，完成服务器的配置，需要登录微信公众号网站，在开发菜单的基本配置中配置开发服务器，如图 2-29 所示。

# 微信公众平台开发技术

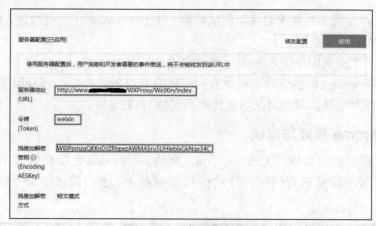

图 2-29　开发服务器配置

结合微信 Web 开发调试工具的介绍，在自己申请的公众号中动手尝试获取接口 access_token，并进一步尝试使用分享接口进行分享朋友圈和分享朋友的操作。

# 第 3 章 自定义菜单

## 学习目标

- 了解 HTTPS 请求的概念。
- 掌握自定义菜单接口的调用方法。
- 熟悉自定义菜单接口的程序实现。

随着微信公众平台的不断发展，微信提供的菜单已不能满足企业的需求，企业更倾向于利用自定义菜单，通过简洁的菜单结构，开展线上业务或宣传和定位企业品牌。因此开发者需要更深入地了解自定义菜单的原理、接口以及实现方法。

## 3.1 发送 HTTPS 请求

自定义菜单需要调用微信公众平台开放的自定义菜单接口，而这些接口都采用 HTTPS 协议，因此需要解决微信公众平台开发中发送 HTTPS 请求的问题。

### 3.1.1 HTTPS 概述

安全超文本传输协议（Secure Hypertext Transfer Protocol，HTTPS）是一个安全通信通道，它基于 HTTP 开发，用于在客户计算机和服务器之间交换信息，使用安全套接字层（SSL）进行信息交换。简单来说，HTTPS 是 HTTP 的安全版，它由 Netscape 开发并内置于其浏览器中，用于对数据进行压缩和解压缩操作，并返回网络上传送回的结果。HTTPS 实际上应用了 Netscape 的安全套接字层作为 HTTP 应用层的子层。

HTTPS 的主要作用是保护用户的隐私，防止流量劫持。由于 HTTP 本身是明文传输的，没有经过任何安全处理，因此中间者完全能够查看到来往交互的信息，甚至对真实数据进行修改，比如当用户发现自己打开的网站不是真正要浏览的网站，或者打开的网站页面上浮了一个大大的广告时，基本上表示流量已被人给篡改劫持了。HTTPS 能够保护数据不被别人获取，它采用如下方式来实现。

（1）内容加密，从浏览器到服务器的内容是以加密形式传输的，中间者无法直接查看原始内容。

（2）身份加密，保证用户访问的是真正想要访问的网站，即使被 DNS 劫持到了第三方站点，也会提醒用户没有访问真实站点，可能是被劫持了。

（3）数据完整性，防止内容被第三方冒充或者篡改。

HTTPS 和 HTTP 的区别：HTTPS 协议需要到 CA 申请证书，免费证书很少，需要交费；HTTP 是超文本传输协议，信息是明文传输的，HTTPS 则使用安全的 SSL 加密传输协议；HTTP 和 HTTPS 使用的是完全不同的连接方式，用的端口也不一样，前者是 80，后者是

443；HTTP 的连接很简单，是无状态的；HTTPS 是由 SSL+HTTP 构建的可进行加密传输、身份认证的网络协议，要比 HTTP 安全。

HTTPS 可解决的问题如下。

（1）信任主机的问题。采用 HTTPS 的 Server 必须从 CA 处申请一个用于证明服务器用途类型的证书，该证书只有用于对应的 Server 的时候，客户端才信任此主机。所以目前所有的银行系统网站，关键部分应用都是 HTTPS 的。客户信任了该证书，从而信任了该主机。其实这样做效率很低，但是银行更侧重安全。

（2）通信过程中数据的泄密和被篡改的问题。

① 一般意义上的 HTTPS，Server 有一个证书，主要目的是保证主机是可靠的、可信任的，这个跟（1）是一样的。另外，服务端和客户端之间的所有通信都是加密的，具体讲，就是客户端产生一个对称的密钥，通过 Server 的证书来交换密钥，这样对于一般意义上的握手过程，所有的信息往来就都是加密的，第三方即使截获，也没有任何意义，因为没有密钥，当然篡改也就没有意义了。

② 有时也会要求客户端必须有一个证书。这里就类似于表示个人信息的时候，除了用户名和密码外，还有一个 CA 认证过的身份，因为个人证书一般是无法模拟的，所以这样才能够更深地确认自己的身份。目前少数个人银行的专业版采用这种做法，具体证书可能是用 U 盘作为一个备份的载体。

### 3.1.2 微信上的实现方法

第一种方法是静态超链接。这是目前网站中使用较多的方法，也最简单。它的好处在于容易实现，不需要额外开发。然而，它却不容易维护和管理，因为在一个完全使用 HTTP 访问的 Web 应用里，每个资源都存放在该应用特定根目录下的各个子目录里，资源的链接路径都使用相对路径，这样做是为了方便应用的迁移，并且易于管理。但假如该应用的某些资源要用到 HTTPS，引用的链接就必须使用完整的路径，所以当应用迁移或需要更改 URL 中所涉及的任何部分时，如域名、目录、文件名等，维护者都需要对每个超链接进行修改，工作量之大可想而知。再者，如果客户在浏览器地址栏里手工输入 HTTPS 的资源，那么所有敏感机密数据在传输中就得不到保护，很容易被黑客截获和篡改。

第二种方法是资源访问限制。为了保护 Web 应用中的敏感数据，防止资源的非法访问，保证传输的安全性，Java Servlet 2.2 规范定义了安全约束（Security-Constraint）元件，它用于指定一个或多个 Web 资源集的安全约束条件；用户数据约束（User-Data-Constraint）元件是安全约束元件的子类，它用于指定在客户端和容器之间传输的数据是如何被保护的。

用户数据约束元件还包括了传输保证（Transport-Guarantee）元件，它规定了客户机和服务器之间的通信必须是以下三种模式之一：None、Integral、Confidential。None 表示被指定的 Web 资源不需要任何传输保证；Integral 表示客户机与服务器之间传送的数据在传送过程中不会被篡改；Confidential 表示数据在传送过程中被加密。大多数情况下，Integral 或 Confidential 是使用 SSL 实现的。

第三种方法是链接重定向。综观目前商业网站资源数据的交互访问情况，要求严格加密传输的数据只占其中一小部分，也就是说，在一个具体 Web 应用中需要使用 SSL

的服务程序只占整体的一小部分。那么，人们可以从应用开发方面考虑解决方法，对需要使用 HTTPS 的那部分代码进行处理，使程序本身在接收到访问请求时首先判断该请求使用的协议是否符合本程序的要求，即来访请求是否使用 HTTPS，如果不是，就将其访问协议重定向为 HTTPS，这样就避免了客户使用 HTTP 访问要求使用 HTTPS 的 Web 资源时，看到错误提示信息而无所适从的情况，这些处理对 Web 客户来说是透明的。

## 3.2 自定义菜单接口

### 3.2.1 自定义菜单创建接口

自定义菜单能够帮助公众号丰富界面，让用户更好、更快地理解公众号的功能。开启自定义菜单后，用户单击公众号进入公众号界面，这是微信商学院的公众号，如图 3-1 所示。

请注意以下内容。

（1）自定义菜单最多包括 3 个一级菜单，每个一级菜单最多包含 5 个二级菜单。

（2）一级菜单最多 4 个汉字，二级菜单最多 7 个汉字，多出来的部分将会以"..."代替。

自定义菜单接口可实现多种类型按钮，目前共有 10 种类型，最初只有 click 和 view 两种，后面 8 种为新增类型。10 种类型具体如下。

图 3-1 微信商学院公众平台

#### 1．click：单击推事件

用户单击 click 类型按钮后，微信服务器会通过消息接口推送消息类型为 event 的结构给开发者，并且带上按钮中开发者填写的 key 值，开发者可以通过自定义的 key 值与用户进行交互。

#### 2．view：跳转 URL

用户单击 view 类型按钮后，微信客户端将会打开开发者在按钮中填写的网页 URL，可与网页授权获取用户基本信息的接口结合，获得用户基本信息。

#### 3．scancode_push：扫码推事件

用户单击按钮后，微信客户端将调起扫一扫工具。完成扫码操作后显示扫描结果（如果是 URL，将进入 URL），且会将扫码的结果传给开发者，开发者可以下发消息。

#### 4．scancode_waitmsg：扫码推事件且弹出"消息接收中"提示框

用户单击按钮后，微信客户端将调起扫一扫工具。完成扫码操作后，将扫码的结果传给开发者，同时收起扫一扫工具，然后弹出"消息接收中"提示框，随后可能会收到开发者下发的消息。

### 5. pic_sysphoto：系统拍照并发图

用户单击按钮后，微信客户端将调起系统相机。完成拍照操作后，会将拍摄的照片发送给开发者，并推送事件给开发者，同时收起系统相机，随后可能会收到开发者下发的消息。

### 6. pic_photo_or_album：拍照或者从相册发图

用户单击按钮后，微信客户端将弹出选择器供用户"拍照"或者"从手机相册选择"。

### 7. pic_weixin：弹出微信相册发图器

用户单击按钮后，微信客户端将调起微信相册。完成选择操作后，将选择的照片发送给开发者的服务器，并推送事件给开发者，同时收起相册，随后可能会收到开发者下发的消息。

### 8. location_select：弹出地理位置选择器

用户单击按钮后，微信客户端将调起地理位置选择工具。完成选择操作后，将选择的地理位置发送给开发者的服务器，同时收起位置选择工具，随后可能会收到开发者下发的消息。

### 9. media_id：下发消息（除文本消息）

用户单击 media_id 类型按钮后，微信服务器会将开发者填写的永久素材 ID 对应的素材下发给用户。永久素材类型可以是图片、音频、视频、图文消息。请注意：永久素材 ID 必须是在"素材管理/新增永久素材"接口上传后获得的合法 ID。

### 10. view_limited：跳转图文消息 URL

用户单击 view_limited 类型按钮后，微信客户端将打开开发者在按钮中填写的永久素材 ID 对应的图文消息 URL。这里的永久素材类型只支持图文消息。请注意：永久素材 ID 必须是在"素材管理/新增永久素材"接口上传后获得的合法 ID。

请注意，3~8 的所有事件，仅支持微信 iOS 5.4.1 以上版本和 Android 5.4 以上版本的微信用户，旧版本微信用户单击后将没有回应，开发者也不能正常接收到事件推送。9 和 10 是专门给第三方平台旗下未通过微信认证（具体而言，是资质认证未通过）的订阅号准备的事件类型，它们是没有事件推送的，功能相对受限，其他类型的公众号不必使用。

● 创建自定义菜单接口请求说明。

HTTP 请求方式：POST（使用 HTTPS）。

https://api.weixin.qq.com/cgi-bin/menu/create?access_token=ACCESS_TOKEN

click 和 view 的请求示例代码如下：

```
1.  {
2.      "button":[
3.      {
4.          "type":"click",
5.          "name":"今日歌曲",
6.          "key":"V1001_TODAY_MUSIC"
7.      },
8.      {
```

```
9.            "name":"菜单",
10.           "sub_button":[
11.           {
12.               "type":"view",
13.               "name":"搜索",
14.               "url":"http://www.soso.com/"
15.           },
16.           {
17.               "type":"view",
18.               "name":"视频",
19.               "url":"http://v.qq.com/"
20.           },
21.           {
22.               "type":"click",
23.               "name":"赞一下我们",
24.               "key":"V1001_GOOD"
25.           }]
26.       }]
27.  }
```

其他新增按钮类型的请求示例按钮如下：

```
1.  {
2.      "button": [
3.          {
4.              "name": "扫码",
5.              "sub_button": [
6.                  {
7.                      "type": "scancode_waitmsg",
8.                      "name": "扫码带提示",
9.                      "key": "rselfmenu_0_0",
10.                     "sub_button": [ ]
11.                 },
12.                 {
13.                     "type": "scancode_push",
14.                     "name": "扫码推事件",
15.                     "key": "rselfmenu_0_1",
16.                     "sub_button": [ ]
17.                 }
18.             ]
19.         },
20.         {
21.             "name": "发图",
22.             "sub_button": [
23.                 {
24.                     "type": "pic_sysphoto",
25.                     "name": "系统拍照发图",
26.                     "key": "rselfmenu_1_0",
27.                     "sub_button": [ ]
28.                 },
29.                 {
30.                     "type": "pic_photo_or_album",
31.                     "name": "拍照或者相册发图",
```

```
32.                    "key": "rselfmenu_1_1",
33.                    "sub_button": [ ]
34.              },
35.              {
36.                    "type": "pic_weixin",
37.                    "name": "微信相册发图",
38.                    "key": "rselfmenu_1_2",
39.                    "sub_button": [ ]
40.              }
41.          ]
42.     },
43.     {
44.          "name": "发送位置",
45.          "type": "location_select",
46.          "key": "rselfmenu_2_0"
47.     },
48.     {
49.          "type": "media_id",
50.          "name": "图片",
51.          "media_id": "MEDIA_ID1"
52.     },
53.     {
54.          "type": "view_limited",
55.          "name": "图文消息",
56.          "media_id": "MEDIA_ID2"
57.     }
58.   ]
59. }
60.
```

表 3-1 对所用参数进行了说明，包括 7 个参数。

表 3-1  自定义菜单创建接口参数说明

| 参数名称 | 是否必须 | 描述 |
| --- | --- | --- |
| button | 是 | 一级菜单数组，个数应为 1~3 个 |
| sub_button | 否 | 二级菜单数组，个数应为 1~5 个 |
| type | 是 | 菜单的响应动作类型 |
| name | 是 | 菜单标题，不超过 16 个字节，子菜单不超过 60 个字节 |
| key | click 等单击类型必须 | 菜单 key 值，用于消息接口推送，不超过 128 字节 |
| url | view 类型必须 | 网页链接，用户单击菜单可打开链接，不超过 1024 字节 |
| media_id | media_id 类型和 view_limited 类型必须 | 调用新增永久素材接口返回的合法 media_id |

● 创建自定义菜单后返回结果。

正确时返回的 JSON 数据包代码如下：

```
1.  {
2.    "errcode":0,"errmsg":"ok"
3.  }
```

错误时返回的 JSON 数据包代码如下（示例为无效菜单名长度）：

```
1.  {
2.    "errcode":40018,"errmsg":"invalid button name size"
3.  }
```

### 3.2.2 自定义菜单查询接口

使用接口创建自定义菜单后，开发者还可使用接口查询自定义菜单的结构。另外请注意，在设置了个性化菜单后，使用该自定义菜单查询接口可以获取默认菜单和全部个性化菜单信息。

- 请求说明。

HTTP 请求方式：GET。

https://api.weixin.qq.com/cgi-bin/menu/get?access_token=ACCESS_TOKEN

- 返回说明（无个性化菜单时）。

正确的 JSON 返回结果的代码如下：

```
1.  {
2.      "menu": {
3.          "button": [
4.              {
5.                  "type": "click",
6.                  "name": "今日歌曲",
7.                  "key": "V1001_TODAY_MUSIC",
8.                  "sub_button": []
9.              },
10.             {
11.                 "type": "click",
12.                 "name": "歌手简介",
13.                 "key": "V1001_TODAY_SINGER",
14.                 "sub_button": []
15.             },
16.             {
17.                 "name": "菜单",
18.                 "sub_button": [
19.                     {
20.                         "type": "view",
21.                         "name": "搜索",
22.                         "url": "http://www.soso.com/",
23.                         "sub_button": []
24.                     },
25.                     {
26.                         "type": "view",
27.                         "name": "视频",
28.                         "url": "http://v.qq.com/",
29.                         "sub_button": []
30.                     },
31.                     {
32.                         "type": "click",
```

```
33.            "name": "赞一下我们",
34.            "key": "V1001_GOOD",
35.            "sub_button": []
36.          }
37.        ]
38.      }
39.    ]
40.  }
41. }
```

● 返回说明（有个性化菜单时）。

对应创建有个性化菜单的接口，正确的 JSON 返回结果的代码如下：

```
1.  {
2.    "menu": {
3.      "button": [
4.        {
5.          "type": "click",
6.          "name": "今日歌曲",
7.          "key": "V1001_TODAY_MUSIC",
8.          "sub_button": [ ]
9.        }
10.     ],
11.     "menuid": 208396938
12.   },
13.   "conditionalmenu": [
14.     {
15.       "button": [
16.         {
17.           "type": "click",
18.           "name": "今日歌曲",
19.           "key": "V1001_TODAY_MUSIC",
20.           "sub_button": [ ]
21.         },
22.         {
23.           "name": "菜单",
24.           "sub_button": [
25.             {
26.               "type": "view",
27.               "name": "搜索",
28.               "url": "http://www.soso.com/",
29.               "sub_button": [ ]
30.             },
31.             {
32.               "type": "view",
33.               "name": "视频",
34.               "url": "http://v.qq.com/",
35.               "sub_button": [ ]
36.             },
37.             {
38.               "type": "click",
39.               "name": "赞一下我们",
40.               "key": "V1001_GOOD",
41.               "sub_button": [ ]
```

```
42.                    }
43.                ]
44.            }
45.        ],
46.        "matchrule": {
47.            "group_id": 2,
48.            "sex": 1,
49.            "country": "中国",
50.            "province": "广东",
51.            "city": "广州",
52.            "client_platform_type": 2
53.        },
54.        "menuid": 208396993
55.    }
56.    ]
57. }
```

注：menu 为默认菜单，conditionalmenu 为个性化菜单列表。字段说明请见个性化菜单接口页的说明。

### 3.2.3 自定义菜单删除接口

使用接口创建自定义菜单后，开发者还可使用接口删除当前使用的自定义菜单。另外请注意，在设置了个性化菜单后，调用此接口会删除默认菜单及全部个性化菜单。

● 请求说明。

HTTP 请求方式：GET。

https://api.weixin.qq.com/cgi-bin/menu/delete?access_token=ACCESS_TOKEN

● 返回说明。

对应创建接口，正确的 JSON 返回结果的代码如下：

```
1. {
2.     "errcode":0,"errmsg":"ok"
3. }
```

### 3.2.4 自定义菜单事件推送

用户单击自定义菜单后，微信会把单击事件推送给开发者。请注意，单击菜单弹出子菜单，不会产生上报；3.2.1 小节的第 3～8 个的事件，仅支持微信 iOS 5.4.1 以上版本和 Android 5.4 以上版本的微信用户，旧版本微信用户单击后将没有回应，开发者也不能正常接收到事件推送。

#### 1. click：单击菜单拉取消息时的事件推送

推送 XML 数据包示例：

```
1. <xml>
2. <ToUserName><![CDATA[toUser]]></ToUserName>
3. <FromUserName><![CDATA[FromUser]]></FromUserName>
4. <CreateTime>123456789</CreateTime>
5. <MsgType><![CDATA[event]]></MsgType>
6. <Event><![CDATA[CLICK]]></Event>
7. <EventKey><![CDATA[EVENTKEY]]></EventKey>
8. </xml>
```

表 3-2 对所用参数进行了说明，包括 6 个参数。

表 3-2  单击菜单拉取消息时的事件推送参数说明

| 参数名称 | 描　　述 |
| --- | --- |
| ToUserName | 开发者微信号 |
| FromUserName | 发送方账号（一个 OpenID） |
| CreateTime | 消息创建时间（整型） |
| MsgType | 消息类型，event |
| Event | 事件类型，click |
| EventKey | 事件 key 值，与自定义菜单接口中的 key 值对应 |

#### 2. view：单击菜单跳转链接时的事件推送

推送 XML 数据包示例：

```
1.  <xml>
2.  <ToUserName><![CDATA[toUser]]></ToUserName>
3.  <FromUserName><![CDATA[FromUser]]></FromUserName>
4.  <CreateTime>123456789</CreateTime>
5.  <MsgType><![CDATA[event]]></MsgType>
6.  <Event><![CDATA[VIEW]]></Event>
7.  <EventKey><![CDATA[www.qq.com]]></EventKey>
8.  <MenuId>MENUID</MenuId>
9.  </xml>
```

表 3-3 对所用参数进行了说明，包括 7 个参数。

表 3-3  单击菜单跳转链接时的事件推送参数说明

| 参数名称 | 描　　述 |
| --- | --- |
| ToUserName | 开发者微信号 |
| FromUserName | 发送方账号（一个 OpenID） |
| CreateTime | 消息创建时间（整型） |
| MsgType | 消息类型，event |
| Event | 事件类型，view |
| EventKey | 事件 key 值，设置的跳转 URL |
| MenuId | 指菜单 ID，如果是个性化菜单，则可以通过这个字段知道是哪个规则的菜单被单击了 |

#### 3. scancode_push：扫码推事件的事件推送

推送 XML 数据包示例：

```
1.  <xml><ToUserName><![CDATA[gh_e136c6e50636]]></ToUserName>
2.  <FromUserName><![CDATA[oMgHVjngRipVsoxg6TuX3vz6glDg]]>
```

```
3.  </FromUserName>
4.  <CreateTime>1408090502</CreateTime>
5.  <MsgType><![CDATA[event]]></MsgType>
6.  <Event><![CDATA[scancode_push]]></Event>
7.  <EventKey><![CDATA[6]]></EventKey>
8.  <ScanCodeInfo><ScanType><![CDATA[qrcode]]></ScanType>
9.  <ScanResult><![CDATA[1]]></ScanResult>
10. </ScanCodeInfo>
11. </xml>
```

表 3-4 对所用参数进行了说明，包括 9 个参数。

表 3-4 扫码推事件的事件推送参数说明

| 参数名称 | 描 述 |
|---|---|
| ToUserName | 开发者微信号 |
| FromUserName | 发送方账号（一个 OpenID） |
| CreateTime | 消息创建时间（整型） |
| MsgType | 消息类型，event |
| Event | 事件类型，scancode_push |
| EventKey | 事件 key 值，由开发者在创建菜单时设定 |
| ScanCodeInfo | 扫描信息 |
| ScanType | 扫描类型，一般是 qrcode |
| ScanResult | 扫描结果，即二维码对应的字符串信息 |

**4. scancode_waitmsg：扫码推事件且弹出"消息接收中"提示框的事件推送**

推送 XML 数据包示例：
```
1.  <xml><ToUserName><![CDATA[gh_e136c6e50636]]></ToUserName>
2.  <FromUserName><![CDATA[oMgHVjngRipVsoxg6TuX3vz6glDg]]>
3.  </FromUserName>
4.  <CreateTime>1408090606</CreateTime>
5.  <MsgType><![CDATA[event]]></MsgType>
6.  <Event><![CDATA[scancode_waitmsg]]></Event>
7.  <EventKey><![CDATA[6]]></EventKey>
8.  <ScanCodeInfo><ScanType><![CDATA[qrcode]]></ScanType>
9.  <ScanResult><![CDATA[2]]></ScanResult>
10. </ScanCodeInfo>
11. </xml>
```

表 3-5 对所用参数进行了说明，包括 9 个参数。

表 3-5 扫码推事件弹出提示框参数说明

| 参数名称 | 描 述 |
|---|---|
| ToUserName | 开发者微信号 |
| FromUserName | 发送方账号（一个 OpenID） |

续表

| 参数名称 | 描述 |
| --- | --- |
| CreateTime | 消息创建时间（整型） |
| MsgType | 消息类型，event |
| Event | 事件类型，scancode_waitmsg |
| EventKey | 事件 key 值，由开发者在创建菜单时设定 |
| ScanCodeInfo | 扫描信息 |
| ScanType | 扫描类型，一般是 qrcode |
| ScanResult | 扫描结果，即二维码对应的字符串信息 |

### 5. pic_sysphoto：弹出系统拍照发图的事件推送

推送 XML 数据包示例：

```
1.  <xml><ToUserName><![CDATA[gh_e136c6e50636]]></ToUserName>
2.  <FromUserName><![CDATA[oMgHVjngRipVsoxg6TuX3vz6glDg]]>
3.  </FromUserName>
4.  <CreateTime>1408090651</CreateTime>
5.  <MsgType><![CDATA[event]]></MsgType>
6.  <Event><![CDATA[pic_sysphoto]]></Event>
7.  <EventKey><![CDATA[6]]></EventKey>
8.  <SendPicsInfo><Count>1</Count>
9.  <PicList><item><PicMd5Sum><![CDATA[1b5f7c23b5bf75682a53e7b6d163e185]]>
10. </PicMd5Sum>
11. </item>
12. </PicList>
13. </SendPicsInfo>
14. </xml>
```

表 3-6 对所用参数进行了说明，包括 10 个参数。

表 3-6　弹出系统拍照发图的事件推送参数说明

| 参数名称 | 描述 |
| --- | --- |
| ToUserName | 开发者微信号 |
| FromUserName | 发送方账号（一个 OpenID） |
| CreateTime | 消息创建时间（整型） |
| MsgType | 消息类型，event |
| Event | 事件类型，pic_sysphoto |
| EventKey | 事件 key 值，由开发者在创建菜单时设定 |
| SendPicsInfo | 发送的图片信息 |
| Count | 发送的图片数量 |
| PicList | 图片列表 |
| PicMd5Sum | 图片的 MD5 值，开发者若需要，可用于验证接收到的图片 |

## 第 3 章 自定义菜单

### 6. pic_photo_or_album：弹出拍照或者相册发图的事件推送

推送 XML 数据包示例：

```
1.  <xml><ToUserName><![CDATA[gh_e136c6e50636]]></ToUserName>
2.  <FromUserName><![CDATA[oMgHVjngRipVsoxg6TuX3vz6glDg]]>
3.  </FromUserName>
4.  <CreateTime>1408090816</CreateTime>
5.  <MsgType><![CDATA[event]]></MsgType>
6.  <Event><![CDATA[pic_photo_or_album]]></Event>
7.  <EventKey><![CDATA[6]]></EventKey>
8.  <SendPicsInfo><Count>1</Count>
9.  <PicList><item><PicMd5Sum><![CDATA[5a75aaca956d97be686719218f275c6b]]>
10. </PicMd5Sum>
11. </item>
12. </PicList>
13. </SendPicsInfo>
14. </xml>
```

表 3-7 对所用参数进行了说明，包括 10 个参数。

表 3-7  弹出拍照或相册发图的事件推送参数说明

| 参数名称 | 描　　述 |
| --- | --- |
| ToUserName | 开发者微信号 |
| FromUserName | 发送方账号（一个 OpenID） |
| CreateTime | 消息创建时间（整型） |
| MsgType | 消息类型，event |
| Event | 事件类型，pic_photo_or_album |
| EventKey | 事件 key 值，由开发者在创建菜单时设定 |
| SendPicsInfo | 发送的图片信息 |
| Count | 发送的图片数量 |
| PicList | 图片列表 |
| PicMd5Sum | 图片的 MD5 值，开发者若需要，可用于验证接收到的图片 |

### 7. pic_weixin：弹出微信相册发图器的事件推送

推送 XML 数据包示例：

```
1.  <xml><ToUserName><![CDATA[gh_e136c6e50636]]></ToUserName>
2.  <FromUserName><![CDATA[oMgHVjngRipVsoxg6TuX3vz6glDg]]>
3.  </FromUserName>
4.  <CreateTime>1408090816</CreateTime>
5.  <MsgType><![CDATA[event]]></MsgType>
6.  <Event><![CDATA[pic_weixin]]></Event>
7.  <EventKey><![CDATA[6]]></EventKey>
8.  <SendPicsInfo><Count>1</Count>
9.  <PicList><item><PicMd5Sum><![CDATA[5a75aaca956d97be686719218f275c6b]]>
10. </PicMd5Sum>
```

```
11.    </item>
12.   </PicList>
13.  </SendPicsInfo>
14. </xml>
```

表 3-8 对所用参数进行了说明，包括 10 个参数。

表 3-8  弹出微信相册发图器的事件推送参数说明

| 参数名称 | 描 述 |
| --- | --- |
| ToUserName | 开发者微信号 |
| FromUserName | 发送方账号（一个 OpenID） |
| CreateTime | 消息创建时间（整型） |
| MsgType | 消息类型，event |
| Event | 事件类型，pic_weixin |
| EventKey | 事件 key 值，由开发者在创建菜单时设定 |
| SendPicsInfo | 发送的图片信息 |
| Count | 发送的图片数量 |
| PicList | 图片列表 |
| PicMd5Sum | 图片的 MD5 值，开发者若需要，可用于验证接收到的图片 |

### 8. location_select：弹出地理位置选择器的事件推送

推送 XML 数据包示例：

```
1.  <xml><ToUserName><![CDATA[gh_e136c6e50636]]></ToUserName>
2.  <FromUserName><![CDATA[oMgHVjngRipVsoxg6TuX3vz6glDg]]>
3.  </FromUserName>
4.  <CreateTime>1408091189</CreateTime>
5.  <MsgType><![CDATA[event]]></MsgType>
6.  <Event><![CDATA[location_select]]></Event>
7.  <EventKey><![CDATA[6]]></EventKey>
8.  <SendLocationInfo><Location_X><![CDATA[23]]></Location_X>
9.  <Location_Y><![CDATA[113]]></Location_Y>
10. <Scale><![CDATA[15]]></Scale>
11. <Label><![CDATA[ 广州市海珠区客村艺苑路 106 号]]></Label>
12. <Poiname><![CDATA[]]></Poiname>
13. </SendLocationInfo>
14. </xml>
```

表 3-9 对所用参数进行了说明，包括 12 个参数。

表 3-9  弹出地理位置选择器的事件推送参数说明

| 参数名称 | 描 述 |
| --- | --- |
| ToUserName | 开发者微信号 |
| FromUserName | 发送方账号（一个 OpenID） |

续表

| 参数名称 | 描述 |
| --- | --- |
| CreateTime | 消息创建时间（整型） |
| MsgType | 消息类型，event |
| Event | 事件类型，location_select |
| EventKey | 事件 key 值，由开发者在创建菜单时设定 |
| SendLocationInfo | 发送的位置信息 |
| Location_X | $x$ 坐标信息 |
| Location_Y | $y$ 坐标信息 |
| Scale | 精度，可理解为精度或者比例尺，Scale 越高，越精细 |
| Label | 地理位置的字符串信息 |
| Poiname | 朋友圈 POI 的名字，可能为空 |

### 3.2.5 个性化菜单接口

为了帮助公众号实现灵活的业务运营，微信公众平台新增了个性化菜单接口。开发者可以通过该接口，让公众号的不同用户群体看到不一样的自定义菜单。该接口开放给已认证订阅号和已认证服务号。

开发者可以通过以下条件来设置用户看到的菜单。

- 用户分组（开发者的业务需求可以借助用户分组来完成）。
- 性别。
- 手机操作系统。
- 地区（用户在微信客户端设置的地区）。
- 语言（用户在微信客户端设置的语言）。

个性化菜单接口说明如下。

（1）个性化菜单要求用户的微信客户端版本在 iOS 6.2.2、Android 6.2.4 以上。

（2）菜单的刷新策略是，在用户进入公众号会话页或公众号 profile 页时，如果发现上一次拉取菜单的请求在 5 min 以前，就会拉取一下菜单，如果菜单有更新，就会刷新客户端的菜单。测试时可以尝试取消关注公众号，然后再次关注，则可以看到创建后的效果。

（3）普通公众号的个性化菜单的新增接口每日限制次数为 2000 次，删除接口也是 2000 次，测试个性化菜单匹配结果接口为 20000 次。

（4）出于安全考虑，一个公众号的所有个性化菜单，最多只能设置为跳转到 3 个域名下的链接。

（5）创建个性化菜单之前必须先创建默认菜单（默认菜单是指使用普通自定义菜单创建接口创建的菜单）。如果删除默认菜单，个性化菜单也会被全部删除。

个性化菜单匹配规则说明如下。

55

# 微信公众平台开发技术

当公众号创建多个个性化菜单时,将按照发布顺序,由新到旧逐一匹配,直到用户信息与 matchrule 相符合。如果全部个性化菜单都没有匹配成功,则返回默认菜单。

例如公众号先后发布了默认菜单、个性化菜单 1、个性化菜单 2、个性化菜单 3,那么当用户进入公众号页面时,将从个性化菜单 3 开始匹配。如果个性化菜单 3 匹配成功,则直接返回个性化菜单 3,否则继续尝试匹配个性化菜单 2,直到成功匹配一个菜单。

根据上述匹配规则,为了避免菜单生效时间的混淆,决定不予提供个性化菜单编辑API。开发者需要更新菜单时,需将完整配置重新发布一轮。

### 1. 创建个性化菜单

HTTP 请求方式:POST(使用 HTTPS)。

https://api.weixin.qq.com/cgi-bin/menu/addconditional?access_token=ACCESS_TOKEN

请求示例:

```
1.   {
2.       "button":[
3.       {
4.           "type":"click",
5.           "name":"今日歌曲",
6.              "key":"V1001_TODAY_MUSIC"
7.       },
8.       {
9.           "name":"菜单",
10.          "sub_button":[
11.          {
12.              "type":"view",
13.              "name":"搜索",
14.              "url":"http://www.soso.com/"
15.          },
16.          {
17.              "type":"view",
18.              "name":"视频",
19.              "url":"http://v.qq.com/"
20.          },
21.          {
22.              "type":"click",
23.              "name":"赞一下我们",
24.              "key":"V1001_GOOD"
25.          }]
26.      }],
27.      "matchrule":{
28.        "group_id":"2",
29.        "sex":"1",
30.        "country":"中国",
31.        "province":"广东",
32.        "city":"广州",
33.        "client_platform_type":"2",
34.        "language":"zh_CN"
35.      }
36.  }
```

# 第 3 章 自定义菜单

表 3-10 对所用参数进行了说明，包括 15 个参数，但有些参数不是必需的。

表 3-10 创建个性化菜单接口参数说明

| 参数名称 | 是否必须 | 描述 |
| --- | --- | --- |
| button | 是 | 一级菜单数组，个数应为 1～3 个 |
| sub_button | 否 | 二级菜单数组，个数应为 1～5 个 |
| type | 是 | 菜单的响应动作类型 |
| name | 是 | 菜单标题，不超过 16 字节，子菜单不超过 40 字节 |
| key | click 等单击类型必须 | 菜单 key 值，用于消息接口推送，不超过 128 字节 |
| url | view 类型必须 | 网页链接，用户单击菜单可打开链接，不超过 1024 字节 |
| matchrule | 是 | 菜单匹配规则 |
| group_id | 否 | 用户分组 ID，可通过用户分组管理接口获取 |
| sex | 否 | 性别：男为 1，女为 2，不填则不做匹配 |
| client_platform_type | 否 | 客户端版本，当前只具体到系统型号：iOS(1)、Android(2)、Others(3)，不填则不做匹配 |
| country | 否 | 国家信息，是用户在微信中设置的地区，具体请参考地区信息表 |
| province | 否 | 省份信息，是用户在微信中设置的地区，具体请参考地区信息表 |
| city | 否 | 城市信息，是用户在微信中设置的地区，具体请参考地区信息表 |
| language | 否 | 语言信息，是用户在微信中设置的语言，具体请参考语言表 |

matchrule 共 6 个字段，均可为空，但不能全部为空，至少要有一个匹配信息是不为空的。country、province、city 组成地区信息，将按照 country、province、city 的顺序进行验证，要符合地区信息表的内容。地区信息从大到小验证，小的可以不填，即若填写了省份信息，则国家信息必填并且匹配，城市信息可以不填。例如"中国 广东省 广州市""中国 广东省"都是合法的地域信息，而"中国 广州市"则不合法，因为填写了城市信息但没有填写省份信息。

正确时返回的 JSON 数据包如下，错误时的返回码请见附录中的接口返回码说明。

```
1.  {
2.       "menuid":"208379533"
3.  }
```

## 2. 删除个性化菜单

HTTP 请求方式：POST（使用 HTTPS）。

https://api.weixin.qq.com/cgi-bin/menu/delconditional?access_token=ACCESS_TOKEN
请求示例：

```
1.  {
2.       "menuid":"208379533"
3.  }
```

menuid 为菜单 ID，可以通过自定义菜单查询接口获取。

正确时返回的 JSON 数据包如下，错误时的返回码请见附录中的接口返回码说明。

```
1.  {
2.       "errcode":0,"errmsg":"ok"
3.  }
```

### 3. 测试个性化菜单匹配结果

HTTP 请求方式：POST（使用 HTTPS）。

https://api.weixin.qq.com/cgi-bin/menu/trymatch?access_token=ACCESS_TOKEN

请求示例：

```
1.  {
2.       "user_id":"weixin"
3.  }
```

user_id 可以是粉丝的 OpenID，也可以是粉丝的微信号。

该接口将返回菜单配置，示例如下：

```
1.  {
2.       "button": [
3.           {
4.               "type": "view",
5.               "name": "tx",
6.               "url": "http://www.qq.com/",
7.               "sub_button": [ ]
8.           },
9.           {
10.              "type": "view",
11.              "name": "tx",
12.              "url": "http://www.qq.com/",
13.              "sub_button": [ ]
14.          },
15.          {
16.              "type": "view",
17.              "name": "tx",
18.              "url": "http://www.qq.com/",
19.              "sub_button": [ ]
20.          }
21.      ]
22. }
```

错误时的返回码请见附录中的接口返回码说明。

### 4. 查询个性化菜单

使用普通自定义菜单查询接口可以获取默认菜单和全部个性化菜单信息，请见 3.2.2 小节自定义菜单查询接口的说明。

## 第❸章 自定义菜单

### 5. 删除所有菜单

使用普通自定义菜单删除接口可以删除所有自定义菜单（包括默认菜单和全部个性化菜单），请见 3.2.3 小节自定义菜单删除接口的说明。

### 3.2.6 获取自定义菜单配置接口

本接口将会提供公众号当前使用的自定义菜单的配置。如果公众号是通过 API 调用设置的菜单，则返回菜单的开发配置，而如果公众号是在公众平台官网通过网站功能发布菜单，则本接口返回运营者设置的菜单配置。

请注意：

（1）第三方平台开发者可以通过本接口，在旗下公众号将业务授权给你后，立即通过本接口检测公众号的自定义菜单配置，并通过接口再次给公众号设置好自动回复规则，以提升公众号运营者的业务体验。

（2）本接口与自定义菜单查询接口的不同之处在于，本接口无论公众号的接口是如何设置的，都能查询到接口，而自定义菜单查询接口则仅能查询到使用 API 设置的菜单配置。

（3）认证/未认证的服务号/订阅号，以及接口测试号，均拥有该接口权限。

（4）从第三方平台的公众号登录授权机制上来说，该接口从属于消息与菜单权限集。

（5）本接口中返回的图片/语音/视频为临时素材（临时素材每次获取都不同，3 天内有效，通过素材管理-获取临时素材接口来获取），本接口返回的图文消息为永久素材（通过素材管理-获取永久素材接口来获取）。

- 接口调用请求说明。

HTTP 请求方式：GET（使用 HTTPS）。

https://api.weixin.qq.com/cgi-bin/get_current_selfmenu_info?access_token=ACCESS_TOKEN

- 返回结果说明。

如果公众号是在公众平台官网通过网站功能发布菜单的，则本接口返回的自定义菜单配置样例如下：

```
1.   {
2.       "is_menu_open": 1,
3.       "selfmenu_info": {
4.           "button": [
5.               {
6.                   "name": "button",
7.                   "sub_button": {
8.                       "list": [
9.                           {
10.                              "type": "view",
11.                              "name": "view_url",
12.                              "url": "http://www.qq.com"
13.                          },
14.                          {
15.                              "type": "news",
16.                              "name": "news",
17.  "value":"KQb_w_Tiz-nSdVLoTV35Psmty8hGBulGhEdbb9SKs-o",
18.                              "news_info": {
```

```
19.                    "list": [
20.                        {
21.                            "title": "MULTI_NEWS",
22.                            "author": "JIMZHENG",
23.                            "digest": "text",
24.                            "show_cover": 0,
25.                            "cover_url": "http://mmbiz.qpic.cn/
    mmbiz/GE7et87vE9vicuCibqXsX9GPPLuEtBfXfK0HKuBIa1A1cypS0uY1wickv70ia
    Y1gf3I1DTszuJoS3lAVLvhTcm9sDA/0",
26.                            "content_url": "http://mp.weixin.qq.
    com/s?__biz=MjM5ODUwNTM3Ng==&mid=204013432&idx=1&sn=80ce6d9abcb832237
    bf86c87e50fda15#rd",
27.                            "source_url": ""
28.                        },
29.                        {
30.                            "title": "MULTI_NEWS1",
31.                            "author": "JIMZHENG",
32.                            "digest": "MULTI_NEWS1",
33.                            "show_cover": 1,
34.                            "cover_url": "http://mmbiz.qpic.cn/
    mmbiz/GE7et87vE9vicuCibqXsX9GPPLuEtBfXfKnmnpXYgWmQD5gXUrEApIYBCgvh2
    yHsu3ic3anDUGtUCHwjiaEC5bicd7A/0",
35.                            "content_url": "http://mp.weixin.qq.
    com/s?__biz=MjM5ODUwNTM3Ng==&mid=204013432&idx=2&sn=8226843afb14ec
    decb08d9ce46bc1d37#rd",
36.                            "source_url": ""
37.                        }
38.                    ]
39.                }
40.            },
41.            {
42.                "type": "video",
43.                "name": "video",
44.                "value": "http://61.182.130.30/vweixinp.tc.qq.
    com/1007_114bcede9a2244eeb5ab7f76d951df5f.f10.mp4?vkey=77A42D0C2015
    FBB0A3653D29C571B5F4BBF1D243FBEF17F09C24FF1F2F22E30881BD350E360BC53F&
    sha=0&save=1"
45.            },
46.            {
47.                "type": "voice",
48.                "name": "voice",
49.                "value": "nTXe3aghlQ4XYHa0AQPWiQQbFW9RVtaYTLPC1
    PCQx11qc9UB6CiUPFjdkeEtJicn"
50.            }
51.        ]
52.    }
53. },
54. {
55.     "type": "text",
56.     "name": "text",
57.     "value": "This is text!"
58. },
59. {
60.     "type": "img",
61.     "name": "photo",
```

```
62.                "value": "ax5Whs5dsoomJLEppAvftBUuH7CgXCZGFbFJifmbUjnQk_
    ierMHY99Y5d2Cv14RD"
63.            }
64.        ]
65.    }
66. }
```

如果公众号是通过 API 调用设置的菜单,则自定义菜单配置样例如下:

```
1.  {
2.      "is_menu_open": 1,
3.      "selfmenu_info": {
4.          "button": [
5.              {
6.                  "type": "click",
7.                  "name": "今日歌曲",
8.                  "key": "V1001_TODAY_MUSIC"
9.              },
10.             {
11.                 "name": "菜单",
12.                 "sub_button": {
13.                     "list": [
14.                         {
15.                             "type": "view",
16.                             "name": "搜索",
17.                             "url": "http://www.soso.com/"
18.                         },
19.                         {
20.                             "type": "view",
21.                             "name": "视频",
22.                             "url": "http://v.qq.com/"
23.                         },
24.                         {
25.                             "type": "click",
26.                             "name": "赞一下我们",
27.                             "key": "V1001_GOOD"
28.                         }
29.                     ]
30.                 }
31.             }
32.         ]
33.     }
34. }
```

表 3-11 对所用参数进行了说明,包括 14 个参数。

表 3-11 获取自定义菜单配置接口参数说明

| 参数名称 | 描 述 |
| --- | --- |
| is_menu_open | 菜单是否开启,0 代表未开启,1 代表开启 |
| selfmenu_info | 菜单信息 |
| button | 菜单按钮 |

61

续表

| 参数名称 | 描 述 |
|---|---|
| type | 菜单的类型，公众平台官网上能够设置的菜单类型有 view（跳转网页）、text（返回文本，下同）、img、photo、video、voice。使用 API 设置的则有 8 种，详见 3.3.1 小节的自定义菜单创建接口 |
| name | 菜单名称 |
| value、url、key 等字段 | 对于不同的菜单类型，value 的值意义不同。官网上设置的自定义菜单如下。<br>Text：保存文字到 value；img、voice：保存 mediaId 到 value；video：保存视频下载链接到 value；news：保存图文消息到 news_info，同时保存 mediaId 到 value；view：保存链接到 url<br>使用 API 设置的自定义菜单如下。<br>click、scancode_push、scancode_waitmsg、pic_sysphoto、pic_photo_or_album、pic_weixin、location_select：保存值到 key；view：保存链接到 url |
| news_info | 图文消息的信息 |
| title | 图文消息的标题 |
| digest | 摘要 |
| author | 作者 |
| show_cover | 是否显示封面，0 为不显示，1 为显示 |
| cover_url | 封面图片的 URL |
| content_url | 正文的 URL |
| source_url | 原文的 URL，若置空则无查看原文入口 |

## 3.3 响应菜单单击事件

菜单创建完成后，微信客户关注微信公众平台就可以看到效果了，单击 view 类型的菜单按钮会自动使用微信内置的浏览器访问 URL，而单击 click 类型的菜单按钮不会有任何反应，因为，当用户单击 click 类型的菜单按钮时，微信服务器会向公众号后台推送一条消息类型为 event、事件类型为 click 的事件消息。人们需要在公众号后台接收该事件消息，并做出响应。

从返回的 XML 中可以看出，如果要处理用户单击的关注事件，那么必须要知道消息类型 MsgType 和事件类型 Event。基于这些消息参数，人们可以通过一个事件类来仿照着微信给人们的 XML 示例，用 C#建立事件接收类 WXMessage，具体代码如下：

```
1.   public class WXMessage
2.   {
3.       ///
4.       /// 本公众账号
5.       ///
```

```
6.      public string ToUserName { get; set; }
7.      ///
8.      /// 用户账号
9.      ///
10.     public string FromUserName { get; set; }
11.     ///
12.     /// 发送时间戳
13.     ///
14.     public string CreateTime { get; set; }
15.     ///
16.     /// 发送的文本内容
17.     ///
18.     public string Content { get; set; }
19.     ///
20.     /// 消息的类型
21.     ///
22.     public string MsgType { get; set; }
23.     ///
24.     /// 事件名称
25.     ///
26.     public string EventName { get; set; }
27.
28.     //这两个属性会在后面的讲解中提到
29.     public string Recognition { get; set; }
30.     public string EventKey { get; set; }
31. }
```

然后通过 WXMessage 类去判定接收到的是否为 Click 事件，再根据 key 采用不同的处理方法，完成事件响应。

```
1.  public void WXClick(HttpContext context)
2.  {
3.      WXMessage wx = GetWxMessage(context);
4.      string res = "";
5.      if (!string.IsNullOrEmpty(wx.EventName) && wx.EventName.Trim() == "CLICK")
6.      {
7.          //判断事件的 key，然后进行处理
8.          string key = wx.EventKey;
9.          switch (key)
10.         {
11.             case "V1001_TODAY_MUSIC":
12.                 //处理"每日一歌"的业务逻辑
13.                 res = TodayMusic(wx);
14.                 HttpContext.Current.Response.Write(res);
15.                 HttpContext.Current.Response.End();
16.                 break;
17.             case "V1001_GOOD":
18.                 //处理"赞一下我们"的业务逻辑
19.                 res = GiveGood(wx);
20.                 HttpContext.Current.Response.Write(res);
21.                 HttpContext.Current.Response.End();
22.                 break;
23.         }
```

```
24.        }
25.    }
26.    /// <summary>
27.    /// 获取和设置微信类中的信息
28.    /// </summary>
29.    /// <returns></returns>
30.    private WXMessage GetWxMessage(HttpContext context)
31.    {
32.        WXMessage wx = new WXMessage();
33.        StreamReader str = new StreamReader(context.Request.InputStream, Encoding.UTF8);
34.        XmlDocument xml = new XmlDocument();
35.        xml.Load(str);
36.        str.Close();
37.        str.Dispose();
38.        wx.ToUserName = xml.SelectSingleNode("xml").SelectSingleNode("ToUserName").InnerText;
39.        wx.FromUserName = xml.SelectSingleNode("xml").SelectSingleNode("FromUserName").InnerText;
40.        wx.MsgType = xml.SelectSingleNode("xml").SelectSingleNode("MsgType").InnerText;
41.        if (wx.MsgType.Trim() == "text")
42.        {
43.            wx.Content = xml.SelectSingleNode("xml").SelectSingleNode("Content").InnerText;
44.        }
45.        if (wx.MsgType.Trim() == "event")
46.        {
47.            wx.EventName = xml.SelectSingleNode("xml").SelectSingleNode("Event").InnerText;
48.            wx.EventKey = xml.SelectSingleNode("xml").SelectSingleNode("EventKey").InnerText;
49.        }
50.        return wx;
51.    }
52. }
```

## 本章小结

本章首先介绍了与微信服务器交互的 HTTPS 请求，然后讲解了如何实现自定义菜单接口功能。

通过本章的学习，读者应该对 HTTPS 请求有了一定的了解，能够通过自定义菜单接口来实现接口的调用，可以熟练地生成自定义主菜单和子菜单。

## 动手实践

结合给出的公众平台菜单，运用微信公众平台自定义菜单接口的方法来模拟实现以下公众平台的菜单结构，这是京东的公众平台的菜单结构。

一级菜单：京东购物、粉丝福利、我的服务。

二级菜单：京东购物——品牌闪购、物价秒杀、天天拼便宜、微信购物圈；粉丝福利——粉丝福利社、天天一折起；我的服务——个人中心、搜索商品、在线客服、穿搭小助手、领取 APP 红包。

最终效果如图 3-2 所示。

图 3-2　动手实践公众号效果展示

# 第 4 章 消息的接收与响应

## 学习目标

- 掌握微信公众平台消息的流程及其分类。
- 掌握接收与回复消息的方法。
- 熟悉聊天机器人及其开发流程。

通过前面几章的学习，我们已经成功开启了开发者模式，并完成了开发环境的配置；对微信页面的调试和自定义菜单的开发也有了一定的了解。本章将要介绍如何接收各种类型的消息。

在学习这章内容之前，需要思考一个问题，公众平台的消息是如何交互的？这个问题的答案其实在开发者文档里已经提到：当普通微信用户向公众账号发送消息时，用户发送的消息首先会被发送到微信服务器上；然后微信服务器将 POST 消息的 XML 数据包发送到开发者填写的 URL 上；而对于每一个 POST 请求，开发者会在相应包中返回特定 XML 结构，并对该消息进行响应（目前支持回复文本、图片、图文、语音、视频、音乐）。消息交互的基本流程如图 4-1 所示。

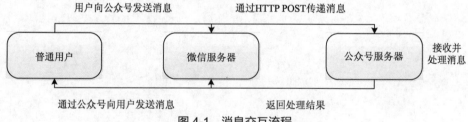

图 4-1 消息交互流程

微信服务器与公众号服务器交互的消息分为接收普通用户消息、接收事件推送、回复消息 3 种类型。接收普通用户消息和接收事件推送是公众号服务器接收的来自微信服务器的消息，而回复消息是公众号服务器传给微信服务器的消息。

微信中的消息类型有文本、图片、语音、视频、小视频、地理位置、链接和事件消息。除了事件消息之外，其他的统称为普通消息。微信中消息的推送和响应都是以 XML 数据包传输的。

## 4.1 接收普通用户消息

微信公众号能够接收普通用户发送的消息，包括文本消息、图片消息、语音消息、视频消息、小视频消息、地理位置消息和链接消息。

用户发送消息给公众号时，微信服务器在 5 s 之内收不到响应会断掉连接，并重新发起

# 第 4 章 消息的接收与响应

请求,总共重试 3 次。普通消息可以使用 MsgId 排重,以避免重复的消息对业务逻辑的影响。假如服务器无法保证在 5 s 内处理并回复消息,可以直接回复空串,微信服务器对此不会做任何处理,并且不会发起重试。需要注意的是,这里说的回复空串并不是指 XML 结构体中 content 字段的内容为空,而是指字节长度为 0 的空字符串。

## 4.1.1 封装接收消息结构

当用户向公众号发送消息时,微信服务器将消息以 XML 格式通过 POST 的方式发送到填写的 URL 上。开发者文档上定义了所有普通消息类型的结构,不难发现每种类型的消息都包含参数 ToUserName、FromUserName、CreateTime、MsgType 与 MsgId,如表 4-1 所示。

表 4-1 所有消息的公有参数说明

| 参数名称 | 描 述 |
| --- | --- |
| ToUserName | 开发者微信号 |
| FromUserName | 发送方账号(一个 OpenID) |
| CreateTime | 消息创建时间(整型) |
| MsgType | 消息类型 |
| MsgId | 消息 ID,64 位整型 |

由于所有的消息体都有表 4-1 所示的 5 个公有字段,为了减少代码冗余,可以将这些参数提取出来,封装成一个接收消息基类,不同的消息实体继承这个基类。接收消息基类的代码如下:

```
1.  public class MessageBase
2.  {
3.      ///<summary>
4.      ///开发者微信号
5.      ///</summary>
6.      public string ToUserName{ get; set; }
7.      ///<summary>
8.      ///发送方账号(OpenID)
9.      ///</summary>
10.     public string FromUserName{ get; set; }
11.     ///<summary>
12.     ///消息创建时间
13.     ///</summary>
14.     public DateTime CreateTime{ get; set; }
15.     ///<summary>
16.     ///消息类型
17.     ///</summary>
18.     public string MsgType{ get; set; }
19.     ///<summary>
20.     ///消息 ID
```

```
21.         ///</summary>
22.         public string MsgId{ get; set; }
23.     }
```

消息的类型在前面已经提及过，分别是文本（text）、图片（image）、语音（voice）、视频（video）、小视频（shortvideo）、地理位置（location）、链接（link）与事件（event）。本节主要介绍如何接收普通消息，因此这里不涉及事件event，将在下节重点介绍。在C#中，为了方便管理和代码编写，我们可以把这些消息类型写成一个枚举，具体如下：

```
1.  ///<summary>
2.  ///用户发送消息类型枚举
3.  ///</summary>
4.  public enum RequestMsgType
5.  {
6.      text,
7.      image,
8.      voice,
9.      video,
10.     shortvideo,
11.     location,
12.     link,
13. }
```

接下来建立继承于所有消息基类 MessageBase 的用户发送消息数据实体的基类 RequestMessageBase。

```
1.  ///<summary>
2.  ///用户发送消息基类
3.  ///</summary>
4.  public class RequestMessageBase:MessageBase
5.  {
6.      ///<summary>
7.      ///用户发送消息类型
8.      ///</summary>
9.      public class virtual RequestMsgType MsgType
10.     {
11.         get { return RequestMsgType.Text;}
12.     }
13.     ///<summary>
14.     ///消息 ID
15.     ///</summary>
16.     public long MsgId { get; set}
17. }
```

到了这里我们就可以建立用户发送消息实体，这些消息实体继承于用户发送消息数据实体的基类 RequestMessageBase。

### 4.1.2 文本消息

当用户向公众号发送文本消息时，微信公众号接收到的 POST 消息的 XML 数据格式如下：

```
1.  <xml>
2.      <ToUserName><![CDATA[toUser]]></ToUserName>
3.      <FromUserName><![CDATA[fromUser]]></FromUserName>
```

```
4.    <CreateTime>1348831860</CreateTime>
5.    <MsgType><![CDATA[text]]></MsgType>
6.    <Content><![CDATA[this is a test]]></Content>
7.    <MsgId>1234567890123456</MsgId>
8.  </xml >
```

表 4-2 对所用参数进行了说明，具体如下。

表 4-2　用户向公众号发送文本消息参数说明

| 参数名称 | 描　　述 |
| --- | --- |
| MsgType | 消息类型，text |
| Content | 文本消息内容 |

文本消息需要继承用户发送消息数据实体基类 RequestBaseMessage，接收文本消息代码如下：

```
1.   ///<summary>
2.   ///接收文本消息
3.   ///</summary>
4.   public class RequestTextMessage: RequestBaseMessage
5.   {
6.       public class override RequestMsgType MsgType
7.       {
8.           get { return RequestMsgType.text;}
9.       }
10.      ///<summary>
11.      ///消息内容
12.      ///</summary>
13.      public string Content{ get; set; }
14.  }
```

## 4.1.3　图片消息

当用户向公众号发送图片消息时，微信公众号接收到的 POST 消息的 XML 数据格式如下：

```
1.  <xml>
2.    <ToUserName><![CDATA[toUser]]></ToUserName>
3.    <FromUserName><![CDATA[fromUser]]></FromUserName>
4.    <CreateTime>1348831860</CreateTime>
5.    <MsgType><![CDATA[image]]></MsgType>
6.    <PicUrl><![CDATA[this is a url]]></PicUrl >
7.    <MediaId><![CDATA[media_id]]></MediaId>
8.    <MsgId>1234567890123456</MsgId>
9.  </xml >
```

表 4-3 对所用参数进行了说明，具体如下。

表 4-3 用户向公众号发送图片消息参数说明

| 参数名称 | 描 述 |
|---|---|
| MsgType | 消息类型，image |
| PicUrl | 图片链接（由系统生成） |
| MediaId | 图片消息媒体 ID，可以调用多媒体文件下载接口拉取数据 |

图片消息需要继承 RequestBaseMessage，接收图片消息的代码如下：

```
1.    ///<summary>
2.    ///接收图片消息
3.    ///</summary>
4.    public class RequestImageMessage: RequestBaseMessage
5.    {
6.        public class override RequestMsgType MsgType
7.        {
8.            get { return RequestMsgType.image;}
9.        }
10.       ///<summary>
11.       ///图片链接
12.       ///</summary>
13.       public string PicUrl{ get; set; }
14.       ///<summary>
15.       ///图片消息媒体 ID
16.       ///</summary>
17.       public string MediaId{ get; set; }
18.   }
```

### 4.1.4 语音消息

当用户向公众号发送语音消息时，微信公众号接收到的 POST 消息的 XML 数据格式如下：

```
1.   <xml>
2.     <ToUserName><![CDATA[toUser]]></ToUserName>
3.     <FromUserName><![CDATA[fromUser]]></FromUserName>
4.     <CreateTime>1357290913</CreateTime>
5.     <MsgType><![CDATA[voice]]></MsgType>
6.     <Format><![CDATA[Format]]></Format>
7.     <MediaId><![CDATA[media_id]]></MediaId>
8.     <MsgId>1234567890123456</MsgId>
9.   </xml>
```

表 4-4 对所用参数进行了说明，具体如下。

表 4-4 用户向公众号发送语音消息参数说明

| 参数名称 | 描 述 |
|---|---|
| MsgType | 语音为 voice |
| Format | 语音格式，如 amr、speex 等 |
| MediaId | 语音消息媒体 ID，可以调用多媒体文件下载接口拉取数据 |

# 第 4 章 消息的接收与响应

需要注意的是，开通语音识别后，用户每次发送语音给公众号时，微信会在推送的语音消息 XML 数据包中增加一个 Recognition 字段（注：由于客户端缓存，开发者开启或者关闭语音识别功能，对新关注者立刻生效，对已关注者需要 24 小时生效。开发者可以重新关注此账号进行测试）。开启语音识别后的语音 XML 数据包如下：

```
1.  <xml>
2.      <ToUserName><![CDATA[toUser]]></ToUserName>
3.      <FromUserName><![CDATA[fromUser]]></FromUserName>
4.      <CreateTime>1357290913</CreateTime>
5.      <MsgType><![CDATA[voice]]></MsgType>
6.      <MediaId><![CDATA[media_id]]></MediaId>
7.      <Format><![CDATA[Format]]></Format>
8.      <Recognition><![CDATA[腾讯微信团队]]></Recognition>
9.      <MsgId>1234567890123456</MsgId>
10. </xml>
```

多出来的字段中，Format 为语音格式，一般为 amr；Recognition 为语音识别结果，使用 UTF8 编码。

语音消息需要继承 RequestBaseMessage，接收语音消息的代码如下：

```
1.  ///<summary>
2.  ///接收语音消息
3.  ///</summary>
4.  public class RequestVoiceMessage: RequestBaseMessage
5.  {
6.      public class override RequestMsgType MsgType
7.      {
8.          get { return RequestMsgType.voice;}
9.      }
10.     ///<summary>
11.     ///语音格式
12.     ///</summary>
13.     public string Format{ get; set; }
14.     ///<summary>
15.     ///语音消息媒体 ID
16.     ///</summary>
17.     public string MediaId{ get; set; }
18.     ///<summary>
19.     ///语音识别，UTF8 编码
20.     ///</summary>
21.     public string Recognition{ get; set; }
22. }
```

## 4.1.5 视频消息

当用户向公众号发送视频消息时，微信公众号接收到的 POST 消息的 XML 数据格式如下：

```
1.  <xml>
2.      <ToUserName><![CDATA[toUser]]></ToUserName>
3.      <FromUserName><![CDATA[fromUser]]></FromUserName>
4.      <CreateTime>1357290913</CreateTime>
5.      <MsgType><![CDATA[video]]></MsgType>
6.      <MediaId><![CDATA[media_id]]></MediaId>
```

```
7.     <ThumbMediaId><![CDATA[thumb_media_id]]></ ThumbMediaId >
8.     <MsgId>1234567890123456</MsgId>
9. </xml>
```

表 4-5 对所用参数进行了说明，具体如下。

表 4-5 用户向公众号发送视频消息参数说明

| 参数名称 | 描 述 |
| --- | --- |
| MsgType | 视频为 video |
| MediaId | 视频消息媒体 ID，可以调用多媒体文件下载接口拉取数据 |
| ThumbMediaId | 视频消息缩略图的媒体 ID，可以调用多媒体文件下载接口拉取数据 |

视频消息需要继承 RequestBaseMessage，接收视频消息的代码如下：

```
1.  ///<summary>
2.  ///接收视频消息
3.  ///<summary>
4.  public class RequestVideoMessage: RequestBaseMessage
5.  {
6.      public class override RequestMsgType MsgType
7.      {
8.          get { return RequestMsgType.video;}
9.      }
10.     ///<summary>
11.     ///视频消息缩略图 ID
12.     ///</summary>
13.     public string ThumbMediaId{ get; set; }
14.     ///<summary>
15.     ///视频消息媒体 ID
16.     ///</summary>
17.     public string MediaId{ get; set; }
18. }
```

### 4.1.6 小视频消息

当用户向公众号发送小视频消息时，微信公众号接收到的 POST 消息的 XML 数据格式如下：

```
1. <xml>
2.   <ToUserName><![CDATA[toUser]]></ToUserName>
3.   <FromUserName><![CDATA[fromUser]]></FromUserName>
4.   <CreateTime>1357290913</CreateTime>
5.   <MsgType><![CDATA[shortvideo]]></MsgType>
6.   <MediaId><![CDATA[media_id]]></MediaId>
7.   <ThumbMediaId><![CDATA[thumb_media_id]]></ThumbMediaId>
8.   <MsgId>1234567890123456</MsgId>
9. </xml>
```

表 4-6 对所用参数进行了说明，具体如下。

# 第 4 章 消息的接收与响应

表 4-6 用户向公众号发送小视频消息参数说明

| 参数名称 | 描 述 |
|---|---|
| MsgType | 小视频为 shortvideo |
| MediaId | 视频消息媒体 ID，可以调用多媒体文件下载接口拉取数据 |
| ThumbMediaId | 视频消息缩略图的媒体 ID，可以调用多媒体文件下载接口拉取数据 |

小视频消息需要继承 RequestBaseMessage，接收视频消息的代码如下：

```
1.    ///<summary>
2.    ///接收小视频消息
3.    ///<summary>
4.    public class RequestShortVedioMessage: RequestBaseMessage
5.    {
6.        public class override RequestMsgType MsgType
7.        {
8.            get { return RequestMsgType.shortvideo;}
9.        }
10.       ///<summary>
11.       ///视频消息缩略图 ID
12.       ///</summary>
13.       public string ThumbMediaId{ get; set; }
14.       ///<summary>
15.       ///视频消息媒体 ID
16.       ///</summary>
17.       public string MediaId{ get; set; }
18.   }
```

## 4.1.7 地理位置消息

当用户向公众号发送地理位置消息时，微信公众号接收到的 POST 消息的 XML 数据格式如下：

```
1.    <xml>
2.    <ToUserName><![CDATA[toUser]]></ToUserName>
3.    <FromUserName><![CDATA[fromUser]]></FromUserName>
4.    <CreateTime>1351776360</CreateTime>
5.    <MsgType><![CDATA[location]]></MsgType>
6.    <Location_X>23.134521</Location_X>
7.    <Location_Y>113.358803</Location_Y>
8.    <Scale>20</Scale>
9.    <Label><![CDATA[位置信息]]></Label>
10.   <MsgId>1234567890123456</MsgId>
11.   </xml>
```

表 4-7 对所用参数进行了说明，具体如下。

表 4-7 用户向公众号发送地理位置消息参数说明

| 参数名称 | 描述 |
| --- | --- |
| MsgType | 消息类型，location |
| Location_X | 地理位置纬度 |
| Location_Y | 地理位置经度 |
| Scale | 地图缩放大小 |
| Label | 地理位置信息 |

地理位置消息需要继承 RequestBaseMessage，接收地理位置消息的代码如下：

```
1.    ///<summary>
2.    ///接收地理位置消息
3.    ///<summary>
4.    public class RequestLocationMessage : RequestBaseMessage
5.    {
6.        public class override RequestMsgType MsgType
7.        {
8.            get { return RequestMsgType.location;}
9.        }
10.       ///<summary>
11.       ///纬度
12.       ///</summary>
13.       public string Location_X{ get; set; }
14.       ///<summary>
15.       ///经度
16.       ///</summary>
17.       public string Location_Y{ get; set; }
18.       ///<summary>
19.       ///地图缩放
20.       ///</summary>
21.       public string Scale{ get; set; }
22.       ///<summary>
23.       ///地理位置信息
24.       ///</summary>
25.       public string Label{ get; set; }
26.   }
```

## 4.1.8 链接消息

当用户向公众号发送链接消息时，微信公众号接收到的 POST 消息的 XML 数据格式如下：

```
1.    <xml>
2.      <ToUserName><![CDATA[toUser]]></ToUserName>
3.      <FromUserName><![CDATA[fromUser]]></FromUserName>
4.      <CreateTime>1351776360</CreateTime>
5.      <MsgType><![CDATA[link]]></MsgType>
6.      <Title><![CDATA[公众平台官网链接]]></Title>
7.      <Description><![CDATA[公众平台官网链接]]><Description>
```

```
8.    <Url><![CDATA[url]]></Url>
9.    <MsgId>1234567890123456</MsgId>
10. </xml>
```

表 4-8 对所用参数进行了说明,具体如下。

**表 4-8  用户向公众号发送链接消息参数说明**

| 参数名称 | 描述 |
| --- | --- |
| MsgType | 消息类型,link |
| Title | 消息标题 |
| Description | 消息描述 |
| Url | 消息链接 |

链接消息需要继承 RequestBaseMessage,接收链接消息的代码如下:

```
1.    ///<summary>
2.    ///接收链接消息
3.    ///<summary>
4.    public class RequestLinkMessage: RequestBaseMessage
5.    {
6.        public class override RequestMsgType MsgType
7.        {
8.            get { return RequestMsgType.link;}
9.        }
10.       ///<summary>
11.       ///消息标题
12.       ///</summary>
13.       public string Title{ get; set; }
14.       ///<summary>
15.       ///消息描述
16.       ///</summary>
17.       public string Description{ get; set; }
18.       ///<summary>
19.       ///消息链接
20.       ///</summary>
21.       public string Url{ get; set; }
22.   }
```

## 4.2  接收事件推送

在微信用户与公众号进行交互的过程中,微信服务器将用户的某些操作通过事件推送的形式发送到开发者的服务器,开发者可以从中获取到该信息。其中,某些事件在推送发生后,是允许开发者回复用户的,某些则不允许。允许的事件有关注/取消关注事件、扫描带参数二维码事件、上报地理位置事件、自定义菜单事件、单击菜单拉取消息的事件推送、单击菜单跳转链接时的事件推送。

### 4.2.1  封装事件

与普通消息类似,当用户对公众号进行某种操作时,微信服务器会以 XML 格式通过

# 微信公众平台开发技术

POST 方式将相应事件消息发送到人们填写的服务器地址中，开发者文档上定义了所有事件的消息结构，不难发现，每种类型的消息都包含参数 ToUserName、FromUserName、CreateTime、MsgType 与 Event。

事件基类的代码如下：

```
1.   public class BaseEvent
2.   {
3.       ///<summary>
4.       ///开发者微信号
5.       ///</summary>
6.       public string ToUserName{ get; set; }
7.       ///<summary>
8.       ///发送方账号（OpenID）
9.       ///</summary>
10.      public string FromUserName{ get; set; }
11.      ///<summary>
12.      ///消息创建时间
13.      ///</summary>
14.      public string CreateTime{ get; set; }
15.      ///<summary>
16.      ///消息类型
17.      ///</summary>
18.      public string MsgType{ get; set; }
19.      ///<summary>
20.      ///事件类型
21.      ///</summary>
22.      public string Event{ get; set; }
23.  }
```

接下来建立一个继承于 BaseEvent 的接收事件推送的基类 RequestBaseEvent。

```
1.   public class RequestBaseEvent
2.   {
3.       ///<summary>
4.       ///接收事件消息基类
5.       ///</summary>
6.       public class RequestBaseEvent:BaseEvent
7.       {
8.           get {return RequestMsgType.Event;
9.       }
10.      ///<summary>
11.      ///事件类型
12.      ///</summary>
13.      public virtual Event Event
14.      {
15.          get { return Event.CLICK;}
16.      }
17.      ///<summary>
18.      ///事件 key 值
19.      ///</summary>
20.      public virtual Event Event {get;set;}
21.  }
22.
```

## 4.2.2 关注/取消事件

用户在关注或者取消关注微信公众号时，微信会把该事件推送到开发者填写的服务器地址中，方便开发者给用户发欢迎消息或账号的解绑。

推送 XML 数据包示例：

```
1.  <xml>
2.    <ToUserName><![CDATA[toUser]]></ToUserName>
3.    <FromUserName><![CDATA[fromUser]]></FromUserName>
4.    <CreateTime>123456789</CreateTime>
5.    <MsgType><![CDATA[event]]></MsgType>
6.    <Event><![CDATA[subscribe]]></Event>
7.    <MsgId>1234567890123456</MsgId>
8.  </xml>
```

表 4-9 对所用参数进行了说明，具体如下。

表 4-9　关注事件推送数据包参数说明

| 参数名称 | 描述 |
| --- | --- |
| MsgType | 消息类型，event |
| Event | 事件类型，subscribe（订阅）、unsubscribe（取消订阅） |

关注/取消关注事件的消息类型都是 event，参数为 subscribe 时表示关注事件，参数为 unsubscribe 时表示取消关注事件。接收该事件继承事件基类 BaseEvent，与关注/取消关注事件示例 XML 数据包相对应的代码如下：

```
1.  ///<summary>
2.  ///接收关注/取消关注事件
3.  ///</summary>
4.  public class SubscribeEvent : RequestBaseEvent
5.  {
6.      public override Event Event
7.      {
8.          get { return Event.subscribe;}
9.      }
10. }
```

## 4.2.3 扫描带参数二维码事件

用户扫描带场景值二维码时，可能推送两种事件：如果用户还未关注公众号，则用户可以关注公众号，关注后微信会将带场景值的关注事件推送给开发者；如果用户已经关注公众号，则微信会将带场景值扫描事件推送给开发者。

用户未关注时，进行关注后的事件推送，推送 XML 数据包示例如下：

```
1.  <xml>
2.    <ToUserName><![CDATA[toUser]]></ToUserName>
3.    <FromUserName><![CDATA[fromUser]]></FromUserName>
4.    <CreateTime>123456789</CreateTime>
5.    <MsgType><![CDATA[event]]></MsgType>
6.    <Event><![CDATA[subscribe]]></Event>
7.    <EventKey><![CDATA[qrscene_123123]]></EventKey>
```

```
8.    <Ticket><![CDATA[TICKET]]></Ticket>
9.  </xml>
```

表 4-10 对所用参数进行了说明，具体如下。

表 4-10  未关注用户扫描二维码事件推送数据包参数说明

| 参数名称 | 描述 |
| --- | --- |
| MsgType | 消息类型，event |
| Event | 事件类型，subscribe |
| EventKey | 事件 key 值，qrscene_为前缀，后面为二维码的参数值 |
| Ticket | 二维码的 ticket，可用来换取二维码图片 |

用户已关注时的事件推送，推送 XML 数据包示例如下：

```
1.  <xml>
2.    <ToUserName><![CDATA[toUser]]></ToUserName>
3.    <FromUserName><![CDATA[fromUser]]></FromUserName>
4.    <CreateTime>123456789</CreateTime>
5.    <MsgType><![CDATA[event]]></MsgType>
6.    <Event><![CDATA[SCAN]]></Event>
7.    <EventKey><![CDATA[SCENE_VALUE]]></EventKey>
8.    <Ticket><![CDATA[TICKET]]></Ticket>
9.  </xml>
```

表 4-11 对所用参数进行了说明，具体如下。

表 4-11  关注用户扫描二维码事件推送数据包参数说明

| 参数名称 | 描述 |
| --- | --- |
| MsgType | 消息类型，event |
| Event | 事件类型，SCAN |
| EventKey | 事件 key 值,是一个 32 位无符号整数,即创建二维码时的二维码 scene_id |
| Ticket | 二维码的 ticket，可用来换取二维码图片 |

扫描带参数二维码事件的代码如下：

```
1.  ///<summary>
2.  ///接收扫描带参数二维码事件
3.  ///</summary>
4.  public class QRCodeEvent : RequestBaseEvent
5.  {
6.      public override Event Event
7.      {
8.          get { return Event.scan;}
9.      }
10.     ///<summary>
11.     ///二维码的 ticket
12.     ///</summary>
13.     public string Ticket { get; set; }
14. }
```

## 第 4 章 消息的接收与响应

### 4.2.4 上报地理位置事件

用户同意上报地理位置后，每次进入公众号，都会在进入时上报地理位置，或在进入会话后每 5 s 上报一次地理位置，以在公众平台网站中修改位置。上报地理位置时，微信会将上报地理位置事件推送到开发者填写的 URL。

推送 XML 数据包示例如下：

```
1.   <xml>
2.     <ToUserName><![CDATA[toUser]]></ToUserName>
3.     <FromUserName><![CDATA[fromUser]]></FromUserName>
4.     <CreateTime>123456789</CreateTime>
5.     <MsgType><![CDATA[event]]></MsgType>
6.     <Event><![CDATA[LOCATION]]></Event>
7.     <Latitude>23.137466</Latitude>
8.     <Longitude>113.352425</Longitude>
9.     <Precision>119.385040</Precision>
10.  </xml>
```

表 4-12 对所用参数进行了说明，具体如下。

表 4-12　上报地理位置事件推送数据包参数说明

| 参数名称 | 描　　述 |
| --- | --- |
| MsgType | 消息类型，event |
| Event | 事件类型，LOCATION |
| Latitude | 地理位置纬度 |
| Longitude | 地理位置经度 |
| Precision | 地理位置精度 |

上报地理位置事件的消息结构对应的类如下：

```
1.   ///<summary>
2.   ///上报地理位置事件
3.   ///</summary>
4.   public class LocationEvent: RequestBaseEvent
5.   {
6.       public override Event Event
7.       {
8.           get { return Event.LOCATION;}
9.       }
10.      ///<summary>
11.      ///纬度
12.      ///</summary>
13.      public string Latitude{ get; set; }
14.      ///<summary>
15.      ///经度
16.      ///</summary>
17.      public string Longitude{ get; set; }
18.      ///<summary>
19.      ///精度
```

```
20.            ///</summary>
21.            public string Precision{ get; set; }
22.      }
```

### 4.2.5 自定义菜单事件

用户单击自定义菜单后，微信会把单击事件推送给开发者，但是单击菜单弹出子菜单时不会产生上报。

#### 1. 单击菜单拉取消息时的事件

推送 XML 数据包示例：

```
1.   <xml>
2.      <ToUserName><![CDATA[toUser]]></ToUserName>
3.      <FromUserName><![CDATA[fromUser]]></FromUserName>
4.      <CreateTime>123456789</CreateTime>
5.      <MsgType><![CDATA[event]]></MsgType>
6.      <Event><![CDATA[CLICK]]></Event>
7.      <EvenKey><![CDATA[EVENTKEY]]></EvenKey>
8.   </xml >
```

表 4-13 对所用参数进行了说明，具体如下。

表 4-13 单击菜单拉取消息时的事件推送数据包参数说明

| 参数名称 | 描 述 |
| --- | --- |
| MsgType | 消息类型，event |
| Event | 事件类型，CLICK |
| EventKey | 事件 key 值，与自定义菜单接口中 key 值对应 |

#### 2. 单击菜单跳转链接时的事件推送

推送 XML 数据包示例：

```
1.   <xml>
2.      <ToUserName><![CDATA[toUser]]></ToUserName>
3.      <FromUserName><![CDATA[fromUser]]></FromUserName>
4.      <CreateTime>123456789</CreateTime>
5.      <MsgType><![CDATA[event]]></MsgType>
6.      <Event><![CDATA[VIEW]]></Event>
7.      <EvenKey><![CDATA[www.qq.com]]></EvenKey>
8.   </xml >
```

表 4-14 对所用参数进行了说明，具体如下。

表 4-14 单击菜单跳转链接时的事件推送数据包参数说明

| 参数名称 | 描 述 |
| --- | --- |
| MsgType | 消息类型，event |
| Event | 事件类型，VIEW |
| EventKey | 事件 key 值，设置的跳转 URL |

# 第 4 章 消息的接收与响应

此处的 EventKey 与自定义菜单接口中的 key 值相对应，通过它识别用户单击的是哪个菜单按钮，自定义菜单事件的消息结构对应的代码如下：

```
1.    ///<summary>
2.    ///自定义菜单事件
3.    ///</summary>
4.    public class MenuEvent : RequestBaseEvent
5.    {
6.        public override Event Event
7.        {
8.            get { return Event.CLICK;}
9.        }
10.   }
```

## 4.3 回复消息

回复消息时可以被动响应消息或主动调用消息接口。被动响应消息实质上并不是一种接口，而是对微信服务器发过来消息的一次回复。主动调用消息接口包括客服消息接口、群发消息接口与模板消息接口 3 种。

### 4.3.1 被动响应消息

被动响应消息是指当用户发送消息给公众号或某些特定的用户操作引发的事件推送时，会产生一个 POST 请求，开发者可以在响应包中返回特定 XML 结构，来对该消息进行响应，支持回复文本、图片、图文、语音、视频、音乐等类型的消息。

微信服务器在将用户的消息发给公众号的开发者服务器地址（开发者中心处配置）后，微信服务器在 5 s 内收不到响应会断掉连接，并且重新发起请求，总共重试 3 次。如果在调试中，发现用户无法收到响应的消息，可以检查是否消息处理超时。关于重试的消息排重，有 MsgId 的消息推荐使用 MsgId 排重，事件类型消息推荐使用 FromUserName + CreateTime 排重。

假如服务器无法保证在 5 s 内处理并回复，必须做出下述回复，这样微信服务器才不会对此做任何处理，并且不会发起重试（这种情况下，可以使用客服消息接口进行异步回复），否则，将出现严重的错误提示，详见下面说明。

- 直接回复 success（推荐方式）。
- 直接回复空串（指字节长度为 0 的空字符串，而不是 XML 结构体 content 字段的内容为空）。

一旦遇到以下情况，微信就会在公众号会话中向用户下发系统提示"该公众号暂时无法提供服务，请稍后再试"。

- 开发者在 5 s 内未回复内容。
- 开发者回复了异常内容，比如 JSON 数据等。

另外，需要注意的是，回复图片（不支持 GIF 动图）等多媒体消息时需要预先通过素材管理接口上传临时素材到微信服务器，可以使用素材管理中的临时素材，也可以使用永久素材。

如果开发者希望增强安全性，可以在开发者中心处开启消息加密，这样，用户发给公众号的消息以及公众号被动回复用户的消息都会继续加密,但通过 API 主动调用接口(包括客服消息接口)发消息时,不需要进行加密。

消息加解密的具体做法如下。

(1)在接收授权公众号的消息或事件时,除了时间戳 timestamp 和随机数 nonce 之外,还增加了两个参数,分别是加密类型 encrypt_type 与消息体签名 msg_signature。加密类型为 AES,消息体签名用于验证消息体的正确性。

(2)POST 数据中的 XML 体,将使用第三方平台申请时的接收消息的加密 symmetric_key(也称为 EncodingAESKey)来进行加密。

加解密流程如下。

(1)用户发送消息的解密函数。

```
1.   public int DecryptMsg (string sMsgSignature, string sTimeStamp, string
     sNonce, string sPostData, ref string sMsg)
2.   {
3.       if(m_sEncodingAESKey.Length!=43)
4.       {
5.           return (int)WXBizMsgCryptErrorCode.WXBizMsgCrypt_IllegalAesKey;
6.       }
7.       XmlDocument doc = new XmlDocument();
8.    XmlNode root;
9.       string sEncryptMsg;
10.      try
11.      {
12.          doc.LoadXml(sPostData);
13.          root = doc.FirstChild;
14.          sEncryptMsg = root["Encrypt"].InnerText;
15.      }
16.      catch(Exception)
17.      {
18.          return (int)WXBizMsgCryptErrorCode.WXBizMsgCrypt_ParseXml_Error;
19.      }
20.      //verify signature
21.      int ret =0;
22.      ret = VerifySignature(m_sToken, sTimeStamp, sNonce, sEncryptMsg,
     sMsgSignature);
23.      if (ret !=0)
24.      {
25.          return ret;
26.      }
27.      //decrypt
28.      string cpid = "";
29.      try
30.      {
31.          sMsg = Cryptography.AES_decrypt(sEncryptMsg, m_sEncodingAESKey,
     ref cpid);
32.      }
33.      catch(FormatException)
34.      {
35.          return (int)WXBizMsgCryptErrorCode.WXBizMsgCrypt_DecodeBase64_Error;
36.      }
37.      catch(Exception)
```

```
38.     {
39.         return (int)WXBizMsgCryptErrorCode.WXBizMsgCrypt_DecryptAES_Error;
40.     }
41.     if(cpid != m_sAppID)
42.     {
43.         return (int)WXBizMsgCryptErrorCode.WXBizMsgCrypt_ValidateAppID_Error;
44.     }
```

（2）开发者回复消息的加密函数。

```
1.  public int EncryptMsg (string sMsgSignature, string sTimeStamp,string sNonce, string sPostData, ref string sMsg)
2.  {
3.      if(m_sEncodingAESKey.Length!=43)
4.      {
5.          return (int)WXBizMsgCryptErrorCode.WXBizMsgCrypt_IllegalAesKey;
6.      }
7.      string raw = "";
8.      try
9.      {
10.         raw = Cryptography.AES_encrypt(sReplyMsg, m_sEncodingAESKey, m_sAppID);
11.     }
12.     catch(Exception)
13.     {
14.         return (int)WXBizMsgCryptErrorCode.WXBizMsgCrypt_EncryptAES_Error;
15.     }
16.     string MsgSignature = "";
17.     int ret = 0;
18.     ret = GenarateSignature(m_sToken, sTimeStamp, sNonce, raw, ref MsgSignature)
19.     if (0!=ret)
20.     {
21.         return ret;
22.     }
23.     sEncryptMsg ="";
24.
25.     string EncryptLabelHead = "<Encrypt><![CDATA[";
26.     string EncryptLabelTail = "]]></Encrypt>";
27.     string MsgSigLabelHead = "<MsgSignature><![CDATA[";
28.     string MsgSigLabelTail = "]]></MsgSignature>";
29.     string TimeStampLabelHead = "<TimeStamp><![CDATA[";
30.     string TimeStampLabelTail = "]]></TimeStamp>";
31.     string NonceLabelHead = "<Nonce><!CDATA[";
32.     string NonceLabelTail = "]]></Nonce>";
33.     sEncryptMsg = sEncryptMsg + "<xml>" +EncryptLabelHead +raw +EncryLabelTail;
34.     sEncryptMsg = sEncryptMsg + MsgSigLabelHead+MsgSignature+MsgSigLabelTail;
35.     sEncryptMsg = sEncryptMsg+TimeStampLabelHead + sTimeStamp+TimeStampTail;
36.
37.     sEncryptMsg = sEncryptMsg + NonceLabelHead + sNonce + NonceLabelTail;
38.         sEncryptMsg += "</xml>";
39.     return 0;
```

```
40.     }
41.     public class DictionarySort : System.Collections.IComparer
42.     {
43.         public int Compare(object oLeft, object oRight)
44.         {
45.             string sLeft = oLeft as string;
46.             string sRight = oRight as string;
47.             int iLeftLength = sLeft.Length;
48.             int iRightLength = sRight.Length;
49.             int index = 0;
50.             while (index < iLeftLength && index < iRightLength)
51.             {
52.                 if (sLeft[index] < sRight[index])
53.                     return -1;
54.                 else if (sLeft[index] > sRight[index])
55.                     return 1;
56.                 else
57.                     index++;
58.             }
59.             return iLeftLength - iRightLength;
60.
61.         }
62.     }
63.     //Verify Signature
64.     private static int VerifySignature(string sToken, string sTimeStamp, string sNonce, string sMsgEncrypt, string sSigture)
65.     {
66.         string hash = "";
67.         int ret = 0;
68.         ret = GenarateSinature(sToken, sTimeStamp, sNonce, sMsgEncrypt, ref hash);
69.         if (ret != 0)
70.             return ret;
71.         //System.Console.WriteLine(hash);
72.         if (hash == sSigture)
73.             return 0;
74.         else
75.         {
76.             return (int)WXBizMsgCryptErrorCode.WXBizMsgCrypt_ValidateSignature_Error;
77.         }
78.     }
79.
80.     public static int GenarateSinature(string sToken, string sTimeStamp, string sNonce, string sMsgEncrypt, ref string sMsgSignature)
81.     {
82.         ArrayList AL = new ArrayList();
83.         AL.Add(sToken);
84.         AL.Add(sTimeStamp);
85.         AL.Add(sNonce);
86.         AL.Add(sMsgEncrypt);
87.         AL.Sort(new DictionarySort());
88.         string raw = "";
89.         for (int i = 0; i < AL.Count; ++i)
```

```
90.            {
91.                raw += AL[i];
92.            }
93.
94.            SHA1 sha;
95.            ASCIIEncoding enc;
96.            string hash = "";
97.            try
98.            {
99.                sha = new SHA1CryptoServiceProvider();
100.               enc = new ASCIIEncoding();
101.               byte[] dataToHash = enc.GetBytes(raw);
102.               byte[] dataHashed = sha.ComputeHash(dataToHash);
103.               hash = BitConverter.ToString(dataHashed).Replace("-", "");
104.               hash = hash.ToLower();
105.           }
106.           catch (Exception)
107.           {
108.               return (int)WXBizMsgCryptErrorCode.WXBizMsgCrypt_ComputeSignature_Error;
109.           }
110.           sMsgSignature = hash;
111.           return 0;
112.       }
113.    }
114. }
```

### 4.3.2 客服消息接口

客服消息接口是指当用户与公众号产生特定动作的交互时,微信会将消息数据推送给开发者,开发者可以在一段时间内(目前为 48 h)调用客服接口,通过 POST 一个 JSON 数据包发送消息给普通用户。此接口主要具有客服等人工消息处理环节的功能,方便开发者为用户提供更加优质的服务。调用客服消息接口时允许的动作范围如下。

- 用户发送消息。
- 单击自定义菜单,只有单击推事件、扫码推事件、扫码推事件且弹出"消息接收中"提示框这 3 种事件类型才会触发客服消息接口。
- 关注公众号。
- 扫描二维码。
- 支付成功。
- 用户维权。

为了帮助公众号使用不同的客服身份服务更多的用户,对客服消息接口进行了升级,开发者可以管理不同的客服账号,设置客服的头像和昵称。该功能对所有拥有客服消息接口权限的公众号开放。

**1. 客服账号管理**

(1)添加客服账号。

开发者可以通过客服消息接口添加客服账号,其中,每个公众号可以添加 10 个客服账号。该接口调用请求如下。

HTTP 请求方式：POST。

https://api.weixin.qq.com/customservice/kfaccount/add?access_token=ACESS_TOKEN
POST 数据示例如下：

```
1.  {
2.      "kf_account":"test1@test",
3.      "nickname":"客服 1",
4.      "password":"pswmd5",
5.  }
```

正确时的 JSON 返回结果如下：

```
1.  {
2.      "errcode":0,
3.      "errmsg":"ok",
4.  }
```

而错误时会返回错误码等信息，根据错误码查询错误信息可参考附录。

（2）修改客服账号。

开发者可以通过客服消息接口为公众号修改客服账号。此接口的调用请求如下。

HTTP 请求方式：POST。

https://api.weixin.qq.com/customservice/kfaccount/update?access_token=ACESS_TO KEN

（3）删除客服账号。

开发者可以通过客服消息接口为公众号删除客服账号。此接口的调用请求如下。

HTTP 请求方式：GET。

https://api.weixin.qq.com/customservice/kfaccount/del?access_token=ACESS_TOKEN

## 2. 设置客服账号头像

开发者可调用设置客服账号头像接口上传的图片来作为客服人员的头像，头像图片文件必须是 JPG 格式的，推荐使用 640 像素×640 像素大小的图片以达到最佳效果。该接口调用请求如下。

HTTP 请求方式：POST/FORM。

https://api.weixin.qq.com/customservice/kfaccount/uploadheadimg?access_token=ACESS_TOKEN&kf_account=KFACCOUNT

使用 curl 命令，用 FORM 表单方式上传一个多媒体文件。

## 3. 获取所有客服账号

开发者可以通过获取所有客服账号接口获得公众号中设置的客服信息，包括客服工号、客服昵称、登录账号。

返回的 JSON 包示例如下：

```
1.  kf_list[
2.      {
3.          "kf_account":"test1@test",
4.          "nickname":"ntest1",
5.          "kf_id":"1001",
6.          "kf_headimgurl":"",
```

```
7.      };
8.      {
9.          "kf_account":"test2@test",
10.         "nickname":"ntest2",
11.         "kf_id":"1002",
12.         "kf_headimgurl":"",
13.     };
14.     {
15.         "kf_account":"test3@test",
16.         "nickname":"ntest3",
17.         "kf_id":"1003",
18.         "kf_headimgurl":"",
19.     };
20. ]
```

4. 客服消息接口—发消息

客服消息接口调用请求如下。

HTTP 调用方式：POST。

https://api.weixin.qq.com/cbg-bin/message/custom/send?access_token=ACESS_TOKEN

各消息类型所需的 JSON 数据包如下。

（1）发送文本消息。

```
1.  {
2.      "touser":"OPENID",
3.      "msgtype":"text",
4.      "text":
5.      {
6.          "content":"helloword",
7.      },
8.  }
```

（2）发送图片消息。

```
1.  {
2.      "touser":"OPENID",
3.      "msgtype":"image",
4.      "image":
5.      {
6.          "media_id":"MEDIA_ID",
7.      },
8.  }
```

（3）发送语音消息。

```
1.  {
2.      "touser":"OPENID",
3.      "msgtype":"voice",
4.      "voice":
5.      {
6.          "media_id":"MEDIA_ID",
7.      },
8.  }
```

（4）发送视频消息。

```
1.  {
2.     "touser":"OPENID",
3.     "msgtype":"video",
4.     "video":
5.     {
6.          "media_id":"MEDIA_ID",
7.          "thumb_media_id":"THUMB_MEDIA_ID",
8.          "title":"TITLE",
9.          "description":"DESCRIPTION",
10.    },
11. }
```

（5）发送音乐消息。

```
1.  {
2.     "touser":"OPENID",
3.     "msgtype":"music",
4.     "music":
5.     {
6.          "title":"MUSIC_TITLE",
7.          "description":"MUSIC_DESCRIPTION",
8.          "music_url":"MUSIC_URL",
9.          "hq_musicurl":"HQ_MUSICURL",
10.         "thumb_media_id":"THUMB_MEDIA_ID",
11.    },
12. }
```

（6）发送图文消息。

```
1.  {
2.     "touser":"OPENID",
3.     "msgtype":"news",
4.     "news":{
5.         "articles":[
6.         {
7.              "title":"Happy Day",
8.              "description":"Is Really A Happy Day",
9.              "url":"URl",
10.             "picurl":"PIC_URL"
11.         },
12.         {
13.              "title":"Happy Day",
14.              "description":"Is Really A Happy Day",
15.              "url":"URl",
16.             "picurl":"PIC_URL"
17.         }
18.         ]
19.    }
20. }
```

### 4.3.3 回复消息代码实现

#### 1. 定义回复消息枚举 ResponseMsgType

```
1.     ///<summary>
2.     ///公众号回复消息类型枚举
```

```
3.        ///</summary>
4.        public enum ResponseMsgType
5.        {
6.            text,
7.            image,
8.            voice,
9.            video,
10.           music,
11.       ///<summary>
12.       ///回复图文消息
13.       ///</summary>
14.           news,
15.       }
```

**2. 创建回复消息基类 ResponseBaseMassage**

```
1.   public class ResponseBaseMassage: BaseMassage
2.   {
3.       ///<summary>
4.       ///回复消息类型
5.       ///</summary>
6.       public virtual ResponseMsgType MsgType
7.       {
8.           get {return ResponseMsgType.Text; }
9.       }
10.  }
```

**3. 创建回复消息实体**

（1）回复文本消息。

```
1.   public class ResponseTextMessage: ResponseMessageBase
2.   {
3.       new public virtual ResponseMsgType MsgType
4.       {
5.           get {return ResponseMsgType.text;}
6.       }
7.       public string Content {get;set;}
8.   }
```

（2）回复图片消息。

```
1.   public class ResponseImageMessage: ResponseMessageBase
2.   {
3.       public ResponseImageMessage()
4.       {
5.           image = new image();
6.       }
7.       new public virtual ResponseMsgType MsgType
8.       {
9.           get {return ResponseMsgType.image;}
10.      }
11.      public image image {get;set;}
12.  }
13.  public class image
14.  {
15.      public string MediaId {get;set;}
16.  }
```

（3）回复语音消息。

```
1.  public class ResponseVoiceMessage: ResponseMessageBase
2.  {
3.      public ResponseVoiceMessage()
4.      {
5.          voice = new voice();
6.      }
7.      new public virtual ResponseMsgType MsgType
8.      {
9.          get {return ResponseMsgType.voice;}
10.     }
11.     public voice voice {get;set;}
12.  }
13.  public class voice
14.  {
15.      public string MediaId {get;set;}
16.  }
```

（4）回复视频消息。

```
1.  public class ResponseVideoMessage: ResponseMessageBase
2.  {
3.      public ResponseVideoMessage()
4.      {
5.          video = new video();
6.      }
7.      new public virtual ResponseMsgType MsgType
8.      {
9.          get {return ResponseMsgType.video;}
10.     }
11.     public video video {get;set;}
12.  }
13.  public class video
14.  {
15.      public string MediaId {get;set;}
16.      public string Title {get;set;}
17.      public string Description {get;set;}
18.  }
```

（5）回复音乐消息。

```
1.  public class ResponseMusicMessage: ResponseMessageBase
2.  {
3.      public ResponseMusicMessage()
4.      {
5.          music = new music();
6.      }
7.      new public virtual ResponseMsgType MsgType
8.      {
9.          get {return ResponseMsgType.music;}
10.     }
11.     public music music {get;set;}
12.  }
13.  public class music
14.  {
15.      public string Title {get;set;}
```

```
16.         public string Description {get;set;}
17.         public string MusicUrl {get;set;}
18.         public string HQMusicUrl {get;set;}
19.         public string ThumbMediaId {get;set;}
20.     }
```

（6）回复图文消息。

```
1.  public class ResponseNewsMessage: ResponseMessageBase
2.  {
3.      public ResponseNewsMessage()
4.      {
5.          Articles = new List<Articles>();
6.      }
7.      new public virtual ResponseMsgType MsgType
8.      {
9.          get {return ResponseMsgType.news;}
10.     }
11.     public int ArticleCount
12.     {
13.         get{return (Articles ?? new Lise<Article>()).Count;}
14.         set
15.         {
16.
17.         }
18.     }
19.     public List<Article>Articles {get;set;}
20. }
21. public class news
22. {
23.     public string Title {get;set;}
24.     public string Description {get;set;}
25.     public string PicUrl {get;set;}
26.     public string Url {get;set;}
27. }
```

基类中方法的参数有一个是 EnterParam 类型的，这个类是用户接入和验证消息真实性时需要使用的参数，包括 token、加密密钥、appid 等。定义如下：

```
1.  /// <summary>
2.  /// 微信接入参数
3.  /// </summary>
4.  public class EnterParam
5.  {
6.      /// <summary>
7.      /// 是否加密
8.      /// </summary>
9.      public bool IsAes { get; set; }
10.     /// <summary>
11.     /// 接入token
12.     /// </summary>
13.     public string token { get; set; }
14.     /// <summary>
15.     ///微信 appid
16.     /// </summary>
```

```
17.        public string appid { get; set; }
18.        /// <summary>
19.        /// 加密密钥
20.        /// </summary>
21.        public string EncodingAESKey { get; set; }
22.    }
```

### 4. 关注消息与消息自动回复完整代码

```
1.  using System;
2.  using System.Collections.Generic;
3.  using System.Web;
4.  using System.Web.UI;
5.  using System.Web.UI.WebControls;
6.  using System.Data;
7.  using System.IO;
8.  using System.Net;
9.  using System.Text;
10. using System.Xml;
11. using System.Web.Security;
12. using System.Text.RegulayEcpressionsl
13. namespace tencent.weixin
14. {
15.     public partial class weixin : System.web.UI.Page
16.     {
17.         const string Token = "yourToken";//你的 Token
18.         protected void page_load(object sender, EventArgs e)
19.         {
20.             if (Request.HttpMethod == "POST")
21.             {
22.                 sring weixin = "";
23.                 weixin = PostInput();//获取 XML 数据
24.                 if(!string.IsNullOrEmpty(weixin))
25.                 {
26.                     ResponseMsg(weixin);//调用消息适配器
27.                 }
28.             }
29.         }
30.         #region 获取 POST 请求数据
31.         private string PostInput()
32.         {
33.             Stream s = System.Web.HttpContext.Current.InputStream;
34.             byte[] b = new byte[s.Length];
35.             s.Read(b, 0, (int)s.Length);
36.             return Encoding.UTF8.GetString(b);
37.         }
38.         #endregion
39.         #region
40.         private void ResponseMsg(string weixin)//服务器响应微信请求
41.         {
42.             XmlDocument doc = new XmlDocument();
43.             Doc.LoadXml(weixin);//读取 XML 字符串
44.             XmlElement root = doc.DocumentElement;
45.             ExmlMsg xmlMsg = GetExmlMsg(root);
```

```
46.          string messageType = xmlMsg.MsgType;//获取收到的消息类型
47.          try
48.          {
49.              switch(messageType)
50.              {
51.                  case "text":
52.                      textCase(xmlMsg);
53.                      break;
54.                  case "event":
55. if(!string.IsNullOrEmpty(xmlMsg.EventName)&&xmlMsg.EventName.Trim()=="subscribe")
56.                      {
57.                          int nowtime = ConvertDateTimeInt(DateTime.now);
58.                          string msg = "感谢您的关注";
59.                          string resxml = "<xml><ToUserName><![CDATA["+xmlMsg.FromUserName+"]]></ToUsetName><FromUserName><![CDATA["+xmlMsg.ToUserName+"]]></FromUserName><CreateTime>"+nowtime+"</CreateTime><MsgType><![CDATA[text]]></MsgType><Content><![CDATA["+msg+"]]></Content><FuncFlag>0</FuncFlag></xml>";
60.                          Response.Write(resxml;)
61.                      }
62.                      break;
63.                  case "image":
64.                      break;
65.                  case "voice":
66.                      break;
67.                  case "video":
68.                      break;
69.                  case "location":
70.                      break;
71.                  case "link":
72.                      break;
73.                  default:
74.                      break;
75.              }
76.              Response.End();
77.          }
78.          catch(Exception)
79.          {
80.          }
81.      }
82.      #endregion
83.      private string getText(ExmlMsg xmlMsg)
84.      {
85.          string con = xmlMsg.Content.Trim();
86.          System.Text.StringBuilder retsb = new StringBuilder(200);
87.          retsb.Append("这里放你的业务逻辑");
88.          retsb.Append("接收到的消息："+ xmlMsg.Content);
89.          retsb.Append("用户的OPENID: "+ xmlMsg.FromUserName);
90.
91.          return retsb.ToString();
92.      }
93.
```

```
94.
95.        #region 操作文本消息 + void textCase(XmlElement root)
96.        private void textCase(ExmlMsg xmlMsg)
97.        {
98.            int nowtime = ConvertDateTimeInt(DateTime.Now);
99.            string msg = "";
100.           msg = getText(xmlMsg);
101.           string resxml = "<xml><ToUserName><![CDATA[" + xmlMsg.FromUserName + "]]></ToUserName><FromUserName><![CDATA[" + xmlMsg.ToUserName + "]]></FromUserName><CreateTime>" + nowtime + "</CreateTime><MsgType><![CDATA[text]]></MsgType><Content><![CDATA[" + msg + "]]></Content><FuncFlag>0</FuncFlag></xml>";
102.           Response.Write(resxml);
103.
104.        }
105.        #endregion
106.        #region 将datetime.now 转换为 int 类型的秒
107.        /// <summary>
108.        /// datetime 转换为 unixtime
109.        /// </summary>
110.        /// <param name="time"></param>
111.        /// <returns></returns>
112.        private int ConvertDateTimeInt(System.DateTime time)
113.        {
114.            System.DateTime startTime = TimeZone.CurrentTimeZone.ToLocalTime(new System.DateTime(1970, 1, 1));
115.            return (int)(time - startTime).TotalSeconds;
116.        }
117.        private int converDateTimeInt(System.DateTime time)
118.        {
119.            System.DateTime startTime = TimeZone.CurrentTimeZone.ToLocalTime(new System.DateTime(1970, 1, 1));
120.            return (int)(time - startTime).TotalSeconds;
121.        }
122.
123.        /// <summary>
124.        /// unix 时间转换为 datetime
125.        /// </summary>
126.        /// <param name="timeStamp"></param>
127.        /// <returns></returns>
128.        private DateTime UnixTimeToTime(string timeStamp)
129.        {
130.            DateTime dtStart = TimeZone.CurrentTimeZone.ToLocalTime(new DateTime(1970, 1, 1));
131.            long lTime = long.Parse(timeStamp + "0000000");
132.            TimeSpan toNow = new TimeSpan(lTime);
133.            return dtStart.Add(toNow);
134.        }
135.        #endregion
136.        private class ExmlMsg
137.        {
138.            /// <summary>
139.            /// 本公众账号
```

```
140.            /// </summary>
141.            public string ToUserName { get; set; }
142.            /// <summary>
143.            /// 用户账号
144.            /// </summary>
145.            public string FromUserName { get; set; }
146.            /// <summary>
147.            /// 发送时间戳
148.            /// </summary>
149.            public string CreateTime { get; set; }
150.            /// <summary>
151.            /// 发送的文本内容
152.            /// </summary>
153.            public string Content { get; set; }
154.            /// <summary>
155.            /// 消息的类型
156.            /// </summary>
157.            public string MsgType { get; set; }
158.            /// <summary>
159.            /// 事件名称
160.            /// </summary>
161.            public string EventName { get; set; }
162.
163.        }
164.
165.        private ExmlMsg GetExmlMsg(XmlElement root)
166.        {
167.            ExmlMsg xmlMsg = new ExmlMsg() {
168.                FromUserName = root.SelectSingleNode("FromUserName").InnerText,
169.                ToUserName = root.SelectSingleNode("ToUserName").InnerText,
170.                CreateTime = root.SelectSingleNode("CreateTime").InnerText,
171.                MsgType = root.SelectSingleNode("MsgType").InnerText,
172.            };
173.            if (xmlMsg.MsgType.Trim().ToLower() == "text")
174.            {
175.                xmlMsg.Content = root.SelectSingleNode("Content").InnerText;
176.            }
177.            else if (xmlMsg.MsgType.Trim().ToLower() == "event")
178.            {
179.                xmlMsg.EventName = root.SelectSingleNode("Event").InnerText;
180.            }
181.            return xmlMsg;
182.        }
183.        #endregion
184.    }
185. }
```

## 4.4 聊天机器人

### 4.4.1 聊天机器人介绍

聊天机器人是模拟人类对话或聊天的程序，世界上最早的聊天机器人诞生于 20 世纪 80 年代，名为"阿尔贝特"，用 Basic 语言编写而成。现在比较有名的聊天机器人有 Bily、Alise 等，由于中文对"词"划分模糊和语义繁多，因此国内聊天机器人发展相对较慢，有白丝魔理沙、赢思软件的小 i、爱博的小 A、小强、图灵机器人等。

微信公众号中的人工客服的一项重要的工作是与客户交流，这往往需要大量的人力成本，而且很难保证 24 h 不间断地提供服务。公众平台提供的关键词自动回复，虽然对用户的使用要求较高，但能够在一定程序上减少人工客服的压力，所以这部分客服工作交由聊天机器人来完成。这样不仅节约人力成本，还能高效地处理琐碎的客服工作。

在微信公众号中接入聊天机器人有两种方式。一是在现有聊天机器人 API 接口的基础上搭建微信聊天机器人。目前中文聊天机器人有小黄鸡、图灵机器人等。其中，图灵机器人 API 接口免费，接入流程简单。二是自己开发聊天机器人。接入现有聊天机器人的方法简单，无须编程即可实现。以图灵机器人为例，只需申请图灵机器人账号，设置机器人信息以及接入微信公众平台的配置信息等就可完成。

开发聊天机器人需要了解聊天机器人的原理和开发过程。聊天机器人实现的原理与一般流程是，预先采集大量的问答知识，当收到用户的提问时，系统对问题进行分词，判断该话题在系统知识库中存放的位置，为用户返回相应回答。所以聊天机器人的实现大概可以归纳为构建问答库、分词、匹配。当然更高级的机器人也可以收集用户的问答知识，这就需要聊天机器人具有记忆功能，当用户提到知识库中没有的知识时能将该知识收集起来。这里开发的聊天机器人并没有记忆功能，主要功能是为用户返回知识库中能找到的相应的问答知识。实现原理如图 4-2 所示。

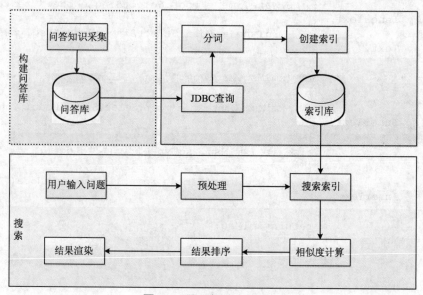

图 4-2 聊天机器人原理图

# 第 4 章 消息的接收与响应

## 1. 问答知识库

机器人要想回答出客户所提的问题,那么首先就要具备自己的知识库,就和人类一样,逻辑分析的前提是需要储备与这个问题相关的知识。所以问答库中的记录越多,涉及的知识面越广,能够回答的问题就越多,回答的准确率也就越高。对于企业公众号而言,用户提的问题基本都可以通过企业客服知识库解决。

用户可能是咨询业务问题,也有可能是要求机器人讲笑话,还有可能仅仅是日常寒暄。

(1)对于业务问题,可以用企业客服知识库解决。

(2)对于日常寒暄,如果用户多次问同样的问题,要求回复不同的内容,问题与答案可能是一对一的,也可能是一对多的。

(3)如果用户最开始要机器人讲笑话,再发送"继续""再来一个""换个别的"等,机器人能理解用户的意思。

当机器人无法回答(无法匹配)时要有默认的回答。而在企业应用中,聊天机器人无法回答的问题应该交给人工客服处理。

按照以上的考虑,聊天机器人的问答知识库至少需要 4 张表:问答知识表、问答知识分表、笑话表和聊天记录表。问答知识表存储所有的问答对;问答知识分表存储某个问题对应多种回答的情况,将答案列表存储在知识分表中;笑话表主要存储一些幽默、搞笑、流行的段子;聊天记录表用于存储用户与聊天机器人的对话,这样才能进行上下文判断。

(1)问答知识表的建表语句如下。

```
1.  create table 'knowledge' (
2.  'id' int not null primary key comment '主键标识',
3.  'question' varchar(2000) not null comment '问题',
4.  'answer' text(8000) not null comment '答案',
5.  'category' int not null comment '知识的类别(1:普通话 2:英语 3:上下文)'
6.  ) comment='知识问答表';
```

answer 表示答案,一对一关系时,答案就存储在该字段中,而问题与答案是一对多关系时,该字段为空,答案列表存储在问答知识分表 knowledge_sub 中。

(2)问答知识分表的建表结构如下。

```
1.  create table 'knowledge_sub'(
2.  'id' int not null auto_increment primary key comment '主键标识',
3.  'pid' int not null comment '与 knowledge 表中的 id 相对应',
4.  'answer' text(8000) not null comment '答案'
5.  ) comment='问答知识分表';
```

(3)笑话表的建表结构如下。

```
1.  create table 'joke'(
2.  'joke_id' int(8) primary key not null auto_increment comment '笑话 id',
3.  'joke_content' text(8000) not null comment '笑话内容',
4.  ) comment= '笑话表';
```

(4)聊天记录表的建表结构如下。

```
1.  create table 'chat_log' (
2.  'id' int not null auto_increment primary key comment '主键标识',
3.  'open_id' varchar(30) not null comment '用户的 OpenID',
```

```
    4.    'create_time' varchar(20) not null comment '消息的创建时间',
    5.    'req_msg' varchar(2000) not null comment '用户上行的消息',
    6.    'resp_msg' varchar(2000) not null comment '公众账号回复的消息',
    7.    'chat_category' int comment '聊天话题的类别（0：未知 1：普通对话 2：笑话 3：
上下文）',
    8.    ) comment='聊天记录表';
```

### 2. 中文分词方法

知识库解决之后，最关键的问题就在于如何通过用户询问的问题找到知识库中最匹配的答案。首先要对用户的问题进行分词。如果用户提出的问题是"你对聊天机器人怎么看"，如果通过一个句子进行存储会太费时费空间，所以一般通过对词进行存储。分词几乎成为聊天机器人的核心。英文一般通过空格分词，而中文博大精深、灵活多变，没有明显的分隔词，部分词语具有歧义性。所以中文分词方法比较复杂，发展也比国外缓慢。人类一般根据自己的认识与理解来区分词语，而聊天机器人根据分词算法进行区分。现有的分词算法有基于字符串匹配的分词算法、基于统计的分词算法、基于理解的分词算法。

（1）基于字符串匹配的分词算法。

该算法又称为机械分词或字典算法。这种方法是按照一定策略将待分析的汉字串与一个"充分大的"机器词典中的词条进行匹配，若在词典中找到某个字符串，则匹配成功。该方法有 3 个核心要素：扫描方向、匹配优先策略以及词典。根据扫描方向的不同分为正向匹配、逆向匹配和双向匹配。根据不同长度的匹配优先策略，分为最大（最长）优先和最小（最短）优先。常用的基于字符串匹配的分词算法有正向最大匹配法、逆向最大匹配法与最小切分法。将正向最大匹配和逆向最大匹配方法结合起来的方法就是双向最大匹配法。

双向最大匹配法从正向和反向两个方向进行切分，并对两个切分结果进行比较，对不同的结果进行歧义识别。

基于字符串匹配的分词算法的特点是速度快，复杂度为 $O(n)$，相对较简单，效果正常。

（2）基于统计的分词算法。

基于统计的分词算法是按照相邻字出现的次数来判断构成一个词语的可能性。从形式上看，词是稳定的字的组合，因此在上下文中，相邻的字同时出现的次数越多，就越有可能构成一个词。因此，字与字相邻共现的频率或概率能够较好地反映成词的可信度。

因此，统计分词的前提是需要一个原始语料库。可以对语料中相邻共现的各个字的组合的频度进行统计，计算它们的互现信息。互现信息体现了汉字之间结合关系的紧密程度。当紧密程度高于某一个阈值时，便可认为此字组可能构成了一个词。

（3）基于理解的分词算法。

该算法是指计算机模拟人对句子的理解进行分词。其基本思想是，在分词的同时进行句法、语义分析，利用句法信息和语义信息来处理歧义现象。它通常包括3个部分：分词子系统、句法语义子系统、总控部分。在总控部分的协调下，分词子系统可以获得有关词、句子等的句法和语义信息来对分词歧义进行判断，即它模拟了人对句子的理解过程。这种分词方法需要使用大量的语言知识和信息。由于汉语语言知识的笼统性和复杂性，难以将各种语言信息组织成机器可直接读取的形式，因此目前基于理解的分词系统还处在试验阶段。

到底哪种分词算法的准确度更高，目前并无定论。对于任何一个成熟的分词系统来说，不可能单独依靠某一种算法来实现，需要综合不同的算法。据了解，海量科技的分词算法就采用"复方分词法"。所谓复方，相当于中药中的复方概念，即用不同的药材综合起来去医治疾病。同样，对于中文词的识别，需要多种算法来处理不同的问题。

### 3．Lucene.Net 与中文分词算法

Lucene.Net 是基于 Java 的全文信息检索引擎工具包 Lucene 的.Net 移植版本。Lucene 并不是一个完整的全文检索引擎，而是一个架构，提供完整的全文索引引擎、查询引擎和部分文本分析引擎。但 Lucene 只能为文本类型的数据建立索引。

全文检索的基本思路是将非结构化数据中的一部分信息提取出来，重新组织，使其变得具有一定结构，然后对此数据进行搜索，从而使搜索相对较快。这部分从非结构化数据中提取出重新组织的信息，称为索引。

（1）Lucene 的结构

Lucene.Net 的最新版本为 2012 年发行的 Lucene.Net 3.0.3 版本。从 Lucene 官网上下载最新源码，其源码包含 9 个包：Analysis、Document、Index、Messages、QueryParser、Search、Store、Support、Util。源码结构如图 4-3 所示。

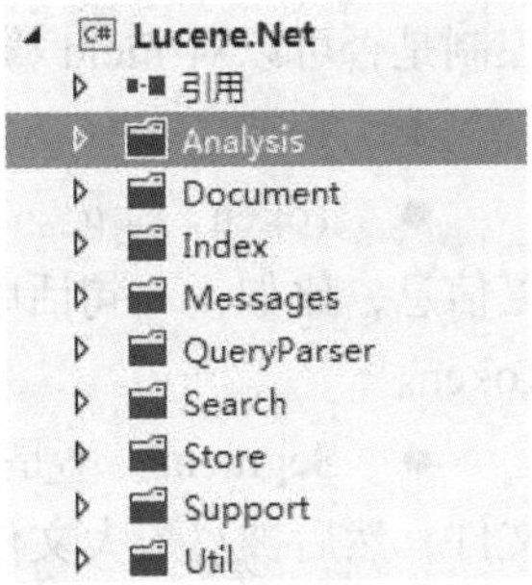

下面介绍 Lucene.Net 的部分包。

① Analysis 包

该包可对文档进行分词，为索引工作做准备。它提供自带的 Analyzer 分词器，包含英文空白字符分词器 WhiteSpaceAnalyzer 和中文分词器 SmartChineseAnalyzer 等。

图 4-3　源码结构图

② Document 包

该包中存放的是与 Document 相关的各种数据，包括 Document 类和 Field 类等。作用是管理索引存储的文档结构。Document 与 Field 的关系，类似于关系型数据库中表与字段的关系，或面向对象编程中对象与属性的关系。

③ Index 包

该包用于索引管理，包括索引的建立、删除、更新等，也包括索引的读写操作类等。最常用的是对索引进行读写操作的 IndexReader 类，还有对索引进行写、合并和优化的 IndexWriter 类。

④ QueryParser 包

QueryParser 属于查询分析器，主要负责查询语法分析。作用是实现查询关键词的各种运算，包括与、或、非等。

⑤ Search 包

该包的主要功能是根据条件从索引中检索结果。IndexSearcher 是搜索核心类，用于在指定的索引文件中进行搜索。

⑥ Store 包

该包负责数据存储管理，包括底层的 I/O 操作。Directory 定义了索引的存放位置，其

中，FSDirectory 表示将索引文件存储在文件系统中，RAMDirectory 表示将文件存储在内存中，MMapDirectory 为使用内存映射的索引。

⑦ Util 包

该包包含 Lucene 所需要的一些工具类。通常将时间格式化、字符串处理等一些常用的工具类放在此包中，便于管理和重用。

Lucene.net 相关术语介绍如下。

- Analyzer，表示分词器，主要作用是分词，并去除字符串中的无效词语。
- Document，是索引和搜索的基本单元，类似于数据库中的一条记录。所有需要索引的数据都要转化成 Document 对象。
- Field，表示信息域，一个 Document 包含多个信息域，类似于数据库中的多个字段。Field 有两个属性：存储和检索。其中，存储属性能够控制是否存储 Field，检索属性能控制是否可以对 Field 检索。
- Term，条目。是搜索当中最小的单位，表示文档中的一个词语。
- Token，标记。Token 可以理解为 Term 的一次出现。Token 用来标记不同的词的位置信息，比如，一句话中可能出现多个相同的词，都用同一个 Term 表示，但拥有不同的 Token。
- Segment，不是所有的 Document 文件都是单独的一个文件，它首先被写入一个小文件，然后被写入大文件。其中，每个小文件都是一个 Segment。

Lucene 的索引原理图如图 4-4 所示。

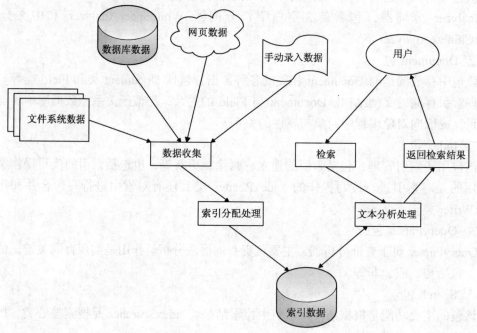

图 4-4　Lucene 的索引原理

（2）分词器 IKAnalyzerNet

在 Lucene 中，我们已经知道 Analyzer 表示的是分词器，包含单字分词器 StandardAnalyzer、

# 第❹章 消息的接收与响应

二分法分词器 CJKAnalyzer、ChineseAnalyzer、SmartChineseAnalyzer 等。我们的焦点是中文分词，以上分词器的缺点至少有两个：匹配不准确、索引文件大。

IKAnalyzer 是基于 Java 的开源的第三方分词工具包，而 IKAnalyzerNet 是 IKAnalyzer 在.Net 的移植版本。该工具包采用正向迭代最细粒度切分算法，支持智能分词和最细粒度分词两种切分模式,使其分词结果更准确、更智能化。使用 IKAnalyzerNet 分词器结合 Lucene 进行分词的示例如下：

```
1.   using System;
2.   using System.Collections.Generic;
3.   using System.IO;
4.   using Lucene.net.Analysis;
5.   using IKAnalyzerNet;
6.   namespace Weixin.Chatbot{
7.     public class AnalyzerTest{
8.       public static void Main(String[] args) throws Exception{
9.         String content ="使用微信公众平台接入聊天机器人";
10.        //使用 IKAnalyzerNet 算法对以上句子分词, true 为智能分词, false 为最细粒度分词
11.        Analyzer analyzer = new IKAnalyzerNet(true);
12.        //将字符串创建成分词流
13.        TokenStream tokenStream = analyzer.TokenStream("text", content);
14.        tokenStream.reset();
15.        //保存相应词汇
16.        CharTermAttribute cta = null;
17.        while(tokenStream.incrementToken()){
18.          cta= tokenStream.addAttribute(CharTermAttribute.class);
19.          Console.writeline(cta.toString()+"");
20.        }
21.    }
22. }
```

代码中使用了 IKAnalyzerNet 对 content 文本进行分词，IkAnalyzerNet 中的构造方法需要传入一个 bool 类型的值，用于表示采用哪种分词模式，其中 true 表示智能分词，false 表示最细粒度分词。代码示例中采用的是智能分词，其运行结果如下：

使用 微信 公众号 平台 接入 聊天 机器人

采用最细粒度分词的结果如下：

使用 微信 公众号 微信公众号 平台 接入 聊天 机器人 聊天机器人

## 4.4.2 聊天机器人的实现

### 1．开发准备

在 Visual Studio 2012 或其他版本上创建一个 Web 项目，要注意引用以下几个文件。

- Apache-Lucene.Net-3.0.3-RC2.bin。
- Lucene.net.dll。
- IKAnalyzerNet.dll。

### 2．封装数据库操作

聊天机器人涉及的数据库操作主要有获取问答知识表中的所有记录，获取上一次聊天类别，并根据知识 ID 从问答知识分表随机获取一个答案、一个笑话，保存聊天记录。需要

将这些功能都封装在工具类中。此处不具体展示数据库封装的代码。

### 3. 封装聊天服务类 ChatService

该类主要用于获取问答知识表中的所有记录,并对其创建索引;从索引文件中检索匹配指定问题的问答知识;封装一个提供给外部使用的聊天方法。

```
1.   using System;
2.   using Lucene.Net.Document;
3.   using Lucene.Net.Store;
4.   using Lucene.Net.Util;
5.   namespace Weixin.Chatbot
6.   {
7.       public class ChatService
8.       {
9.           //得到索引存储目录
10.          public static String getIndexDir()
11.          {
12.              //得到.class文件所在的路径
13.              String classpath = ChatService.class.getResource("/").getPath();
14.              //将classpath中的%20替换为空格
15.              classpath = classpath.replaceAll("%20","");
16.              return classpath+"index/";
17.          }
18.          //创建索引
19.          public static coid createIndex(){
20.              //获取问答知识库中的所有记录
21.              List<Knowledge>knowledgeList = SQLSeverUtil.findAllKnowledge();
22.              Directory directory = null;
23.              IndexWriter indexWriter = null;
24.              try{
25.                  directory = FSDirectory.open(new File(getIndexDir()));
26.                  IndexWriterConfig iwConfig = new IndexWriterConfig(Version.LUCENE_46,
27.                   New IKAnalyzer(true));
28.                  indexWriter = new IndexWriter(directory,iwConfig);
29.                  Document doc = null;
30.                  //遍历问答知识库创建索引
31.                  for(Knowledge knowledge:knowledgeList){
32.                     doc = new Document();
33.                     //对question进行分词
34.                     doc.add(new TextField("question",knowledge,getQuestion(),Store.YES));
35.                     //对id、answer、category不分词存储
36.                     doc.add(new IntField("id",knowledge,getId(),Store.YES));
37.                     doc.add(new StringField("answer",knowledge,getAnswer(),Store.YES));
38.                     doc.add(new IntField("category",knowledge,getCategory(),Store.YES));
39.                     indexWriter.addDocument(doc);
40.                  }
41.                  indexWriter.close();
42.                  directory.close();
43.              }catch(Exception e){
44.                  e.printStackTrace();
```

```
45.            }
46.        }
47.        //从索引文件中根据问题检索答案
48.        private static Knowledge searchIndex(String content){
49.            Knowledge knowledge = null;
50.            try{
51.                Directory directory = FSDirectory.open(new File(getIndex()));
52.                IndexReader reader = IndexReader.open(directory);
53.                IndexSearcher searcher = new IndexSearcher(reader);
54.                //使用查询解析器创建Query
55.                QueryParser questParser = new QueryParser(Version.LUCENE_46,
56.                 "question",new IKAnalyzer(true));
57.                Query query = questParser.parse(QueryParser.escape(content));
58.                //检索得分最高的文档
59.                TopDocs topDocs = searcher.search(query,1);
60.                if(topDocs.totalHits>0){
61.                    knowledge = new Knowledge();
62.                    ScoreDoc[] scoreDoc = topDocs.scoreDocs;
63.                    for(ScoreDoc sd:scoreDoc){
64.                        Document doc = searcher.doc(sd.doc);
65.                        knowledge.setId(doc.getField("id").numericValue().intValue());
66.                        knowledge.setQuestion(doc.get("question"));
67.                        knowledge.setAnswer(doc.get("answer"));
68.                        knowledge.setCategory(doc.getField("catagory").numericValue()
69.                        .intValue());
70.                    }
71.                }
72.                reader.close();
73.                directory.close();
74.            }catch(Exception e){
75.                knowledge = null;
76.                e.printStackTrace();
77.            }
78.            return knowledge;
79.        }
80.        //聊天方法(根据question返回answer)
81.        public static String chat(String openId,String createTime,String question){
82.            String answer = null;
83.            int chatCategory = 0;
84.            Knowledge knowledge = searchIndex(question);
85.            //找到匹配项
86.            if(null!=knowledge){
87.                //笑话
88.                if(2==knowledge.getCategory()){
89.                    answer = MySQLUtil.getJoke();
90.                    chatCategory = 2;
91.                }
92.                //上下文
93.                else if(3==knowledge.getCategory()){
94.                    //判断上一次的聊天类别
95.                    int category = MySQLUtil.getLastCategory(openId);
```

```
96.            //如果是笑话,本次继续回复笑话给用户
97.            if(2==category){
98.              answer = MySQLUtil.getJoke();
99.              chatCategory = 2;
100.             }else{
101.              answer = knowledge.getAnswer ();
102.              chatCategory = knowledge.getCategory();
103.             }
104.            }
105.            //普通对话
106.            else{
107.              answer = knowledge.getAnswer();
108.              //如果答案为空,则根据知识ID从问答知识分表中随机获取一条
109.              if("".equals(answer))
110.                answer = MySQLUtil.getKnowledgedSub(knowledge.getId());
111.              chatCategory = 1;
112.            }
113.          }
114.          //未找到匹配项
115.          else{
116.            answer = getDefaultAnswer();
117.            chatCategory =0;
118.          }
119.          //保存聊天记录
120.          MySQLUtil.saveChatLog(openID,createTime,question,answer,chatCategory);
121.          return answer;
122.        }
123.        //随机获取一个默认的答案
124.        private static String getDefaultAnswer(){
125.          String [] answer = {
126.           "我们说点其他的吧!",
127.           "宝宝没有听懂~",
128.           "虽然没有明白你的意思,但我尽力了."
129.          };
130.          return answer[getRandomNumber(answer.length)];
131.        }
132.        //随机生成 0~length-1 之间的某个值
133.        private static int getRandomNumber(int length){
134.          Random random = new Random();
135.          return random.nextInt(length);
136.        }
137.      }
138.    }
```

### 4. 实现 CoreService 类

接收用户发送的消息,调用 ChatService 中的 chat()方法进行处理。

```
1. using System;
2. using util.Date;
3. using servlet.http.HttpServletRequest;
4. using message.resp.TextMessage;
5. using util.MessageUtil;
```

```
6.    namespace Weixin.Chatbot{
7.        pubic class CoreService{
8.            ///处理微信发来的消息
9.            public static String processRequest(HttpServletRequest request)
10.           {
11.               //XML 格式的消息数据
12.               String respXml = null;
13.               //默认返回的文本消息内容
14.               String respContent = "发送任意文本,我们开始聊天吧。"
15.               try{
16.                   //调用 ParseXml 的方法解析消息
17.                   Map<String,String>requestMap = MessageUtil.parseXml(request);
18.                   //发送消息信息
19.                   String fromUserName = requestMap.get("FromUserName");
20.                   String toUserName = requestMap.get("ToUserName");
21.                   String msgType = requestMap.get("MsgType");
22.                   String createTime = requestMap.get("CreateTime");
23.                   //文本消息
24.                   if(msgType.equals(MessageUtil.REQ_MESSAGE_TYPE_TEXT)){
25.                      String content = requestMap.get("Content");
26.                      respContent = ChatService.chat(fromUserName,createTime,content);
27.                   }
28.                   //回复文本消息
29.                   TextMessage textMessage = new TextMessage();
30.                   textMessage.setToUserName(fromUserName);
31.                   textMessage.setFromUserName(toUserName);
32.                   textMessage.setCreateTime(new Date().getTime());
33.                   textMessage.setMsgType(MessageUtil.RESP_MESSAGE_TYPE_TEXT);
34.                   textMessage.setContent(respContent);
35.                   //将文本消息对象转换为 XML
36.                   respXml = MessageUtil.messageToXml(textMessage)
37.               }catch(Exception e){
38.                   e.printStackTrace();
39.               }
40.               return resXml;
41.       }
42.   }
```

## 本章小结

本章的主要内容是消息的接收与发送,详细介绍了微信公众平台如何接收和发送各种类型的消息。除此以外,还展示了聊天机器人的完整实现过程,主要用到了全文搜索引擎 Lucene、IK 分词器。聊天机器人是本章的一个难点,实际中,个人开发聊天机器人是有难度的,不仅需要耗费大量的精力采集问答知识,还需要有一定的中文分词算法的知识储备。

## 动手实践

结合给出的公众平台菜单,运用微信公众平台接收普通消息、接收事件推送、自动回复、客服、群发等接口的方法来模拟实现公众平台与用户的对话。

# 第 5 章 用户管理与账号管理

## 学习目标

- 了解用户管理与账号管理。
- 掌握用户管理。
- 掌握带参数的二维码生成。

当一个微信公众号有较多的用户时,就要考虑用户管理,对这些用户进行分组。在微信公众平台的用户管理中,可以实现新建用户分组、移动用户至指定分组以及修改用户备注等功能。同样,一个单位和个人如果拥有较多的微信公众号,也需要对其进行管理。

## 5.1 用户管理

微信公众平台的用户管理模块可以实现对关注用户的分类管理,最初只能简单地对关注用户按照年龄、职业或者性别等进行分类,建立分组,多次更新后,用户可以通过用户管理接口,对公众平台的标签进行创建、查询、修改等操作。

### 5.1.1 用户标签管理

最初是用户分组管理,后来平台升级,将用户管理里的"分组"调整为"标签"。看上去变动很小,但其实这意味着微信公众号的运营者可以更加有针对性地运营自己的公众号。

#### 1. 创建标签

用户标签的引入,主要是方便管理关注者列表以及方便向不同的组别发送消息。一个公众号最多支持创建 100 个标签。

微信对于创建标签的定义如下。

HTTP 请求方式:POST(使用 HTTPS)。

https://api.weixin.qq.com/cgi-bin/tags/create?access_token=ACCESS_TOKEN

POST 数据格式为 JSON 数据,正常返回的结果如下:

```
1.  {
2.     "tag":
3.     {
4.        "id": 107,
5.        "name": "test"
6.     }
7.  }
```

为了解析如何实现创建用户标签的 POST 数据操作,下面介绍创建用户的具体过程。首先需要创建一个动态定义的实体类信息,它包含几个需要提及的属性,具体如下:

## 第 5 章　用户管理与账号管理

```
1.  string url = string.Format("https://api.weixin.qq.com/cgi-bin/tags/create?access_token={0}", accessToken);
2.  var data = new
3.  {
4.      tag = new
5.      {
6.          name = name
7.      }
8.  };
9.  string postData = JsonConvert.SerializeObject(data, Formatting.Indented);
```

准备好 POST 的数据后,下面进一步介绍获取数据并转换为合适格式的操作代码。

```
1.  tag = BasicAPI.ConvertJson<TagJson>(url, postData);
2.      if (tag != null && tag.tag != null)
3.      {
4.          return tag;
5.      }
6.      return tag;
```

这样,完整的创建用户标签的操作函数如下:

```
1.  #region 创建标签 TagJson CreateTag(string accessToken, string name)
2.      /// <summary>
3.      /// 创建标签
4.      /// </summary>
5.      /// <param name="accessToken">调用接口凭证</param>
6.      /// <param name="name">标签名称</param>
7.      /// <returns></returns>
8.      public TagJson CreateTag(string accessToken, string name)
9.      {
10.         string url = string.Format("https://api.weixin.qq.com/cgi-bin/tags/create?access_token={0}", accessToken);
11.         var data = new
12.         {
13.             tag = new
14.             {
15.                 name = name
16.             }
17.         };
18.         string postData = JsonConvert.SerializeObject(data, Formatting.Indented);
19.         TagJson tag = null;
20.         tag = BasicAPI.ConvertJson<TagJson>(url, postData);
21.         if (tag != null && tag.tag != null)
22.         {
23.             return tag;
24.         }
25.         return tag;
26.     }
27.     #endregion
```

其他接口也使用类似的方式,通过传递一些参数进入 URL,获取返回的 JSON 数据。
这里定义 TagJson 的实体类信息如下:

```
1.  /// <summary>
2.      /// 标签类
```

107

```
3.      /// </summary>
4.      public class TagJson : BaseJsonResult
5.      {
6.          /// <summary>
7.          /// 标签ID, 由微信分配
8.          /// </summary>
9.          public int id { get; set; }
10.         /// <summary>
11.         /// 标签名字，UTF8编码
12.         /// </summary>
13.         public string name { get; set; }
14.         /// <summary>
15.         /// 标签人数
16.         /// </summary>
17.         public string count { get; set; }
```

根据以上几个接口的定义，定义以下几个接口，并把它们归纳到用户管理的 API 接口里面。

```
1.  public interface ITagApi
2.  {
3.      /// <summary>
4.      /// 查询所有标签
5.      /// </summary>
6.      /// <param name="accessToken">调用接口凭证</param>
7.      /// <returns></returns>
8.      List<TagJson> GetTagList(string accessToken);
9.      /// <summary>
10.     /// 创建标签
11.     /// </summary>
12.     /// <param name="accessToken">调用接口凭证</param>
13.     /// <param name="name">标签名称</param>
14.     /// <returns></returns>
15.     TagJson CreateTag(string accessToken, string name);
16.     /// <summary>
17.     /// 查询用户所在标签
18.     /// </summary>
19.     /// <param name="accessToken">调用接口凭证</param>
20.     /// <param name="openid">用户的OpenID</param>
21.     /// <returns></returns>
22.     List<int> GetUserTagIdList(string accessToken, string openid);
23.     /// <summary>
24.     /// 修改标签名
25.     /// </summary>
26.     /// <param name="accessToken">调用接口凭证</param>
27.     /// <param name="id">标签id，由微信分配</param>
28.     /// <param name="name">标签名字（30个字符以内）</param>
29.     /// <returns></returns>
30.     CommonResult UpdateTagName(string accessToken, int id, string name);
31.     /// <summary>
32.     /// 删除用户标签
33.     /// </summary>
```

```
34.         /// <param name="accessToken">调用接口凭证</param>
35.         /// <returns></returns>
36.         CommonResult DeleteTag(string accessToken, int tagid);
37.         /// <summary>
38.         /// 批量为用户打标签
39.         /// </summary>
40.         /// <param name="accessToken">调用接口凭证</param>
41.         /// <param name=" openid_list ">用户的 OpenID 列表</param>
42.         /// <param name="tagid">标签 id</param>
43.         /// <returns></returns>
44.         CommonResult BatchUntagging(string accessToken, List<string> openid_list, int tagid);
45.         /// <summary>
46.         /// 批量为用户取消标签
47.         /// </summary>
48.         /// <param name="accessToken">调用接口凭证</param>
49.         /// <param name=" openid_list ">用户的 OpenID 列表</param>
50.         /// <param name="tagid">标签 id</param>
51.         /// <returns></returns>
52.         CommonResult BatchUntagging(string accessToken, List<string> openid_list, int tagid);
53.     }
```

### 2. 修改标签名称

根据需要可以修改标签名称，也可以在实际中调整用户所在的标签，操作代码如下：

```
1.  #region 修改标签名 CommonResult UpdateTagName(string accessToken, int id, string name)
2.  /// <summary>
3.  /// 修改标签名
4.  /// </summary>
5.  /// <param name="accessToken">调用接口凭证</param>
6.  /// <param name="id">标签 id，由微信分配</param>
7.  /// <param name="name">标签名字（30 个字符以内）</param>
8.  /// <returns></returns>
9.  public CommonResult UpdateTagName(string accessToken, int id, string name)
10. {
11.     string url = string.Format("https://api.weixin.qq.com/cgi-bin/tags/update?access_token={0}", accessToken);
12.     var data = new
13.     {
14.         tag = new
15.         {
16.             id = id,
17.             name = name
18.         }
19.     };
20.     string postData = JsonConvert.SerializeObject(data, Formatting.Indented);
21.     return BasicAPI.RequestUrlPostDataResult(url, postData);
22. }
23. #endregion
```

## 微信公众平台开发技术

### 3. 删除标签

删除标签操作更加简单，下面是具体的代码实现。

```
1.  string url = string.Format("https://api.weixin.qq.com/cgi-bin/tags/delete?access_token={0}", accessToken);
2.  var data = new
3.  {
4.      tag = new
5.      {
6.          id = tagid
7.      }
8.  };
9.  string postData = JsonConvert.SerializeObject(data, Formatting.Indented);
10. return BasicAPI.RequestUrlPostDataResult(url, postData);
```

### 4. 批量为用户打标签

用户最多可以打上 20 个标签，打新标签的操作和前面介绍的基本相同，具体代码如下：

```
1.  #region 批量打标签 CommonResult BatchTagging(string accessToken, List<string> openid_list, int tagid)
2.          /// <summary>
3.          /// 移动用户标签
4.          /// </summary>
5.          /// <param name="accessToken">调用接口凭证</param>
6.          /// <param name=" openid_list ">用户的 OpenID</param>
7.          /// <param name="tagid">标签 id</param>
8.          /// <returns></returns>
9.          public CommonResult BatchTagging(string accessToken, List<string> openid_list, int tagid)
10.         {
11.             string url = string.Format("https://api.weixin.qq.com/cgi-bin/tags/members/batchtagging?access_token={0}", accessToken);
12.             var data = new
13.             {
14.                 openid_list = openid_list,
15.                 ttagid = tagid
16.             };
17.             string postData = JsonConvert.SerializeObject(data, Formatting.Indented);
18.             return BasicAPI.RequestUrlPostDataResult(url, postData);
19.         }
20. #endregion
```

### 5. 批量为用户取消标签

取消用户的标签的操作和前面介绍的基本相同，具体代码如下：

```
1.  #region 批量取消用户标签 CommonResult BatchUntagging (string accessToken, List<string> openid_list, int tagid)
2.          /// <summary>
3.          /// 移动用户标签
4.          /// </summary>
5.          /// <param name="accessToken">调用接口凭证</param>
6.          /// <param name="openid">用户的 OpenID</param>
7.          /// <param name="to_tagid">标签 id</param>
```

```
8.              /// <returns></returns>
9.         public CommonResult BatchTagging(string accessToken, List<string> openid_list, int tagid)
10.        {
11.            string url = string.Format("https://api.weixin.qq.com/cgi-bin/tags/members/batchuntagging?access_token={0}", accessToken);
12.            var data = new
13.            {
14.                openid_list = openid_list,
15.                ttagid = tagid
16.            };
17.            string postData = JsonConvert.SerializeObject(data, Formatting.Indented);
18.            return BasicAPI.RequestUrlPostDataResult(url, postData);
19.        }
20.    #endregion
```

### 6. 查询用户所在标签列表

每个用户都属于一个标签或多个标签。在"未标签"这个标签里面，默认人们可以通过 API 获取用户的标签信息，也就是获取所有用户标签的 ID 列表，代码如下：

```
1.  #region 查询用户所在标签 List<int> GetUserTagId(string accessToken, string openid)
2.  /// <summary>
3.  /// 查询用户所在标签
4.  /// </summary>
5.  /// <param name="accessToken">调用接口凭证</param>
6.  /// <param name="openid">用户的 OpenID</param>
7.  /// <returns></returns>
8.  public List<int> GetUserTagId(string accessToken, string openid)
9.  {
10. string url = string.Format("https://api.weixin.qq.com/cgi-bin/tags/getidlist?access_token={0}", accessToken);
11. var data = new
12. {
13. openid = openid
14. };
15. string postData = JsonConvert.SerializeObject(data, Formatting.Indented);
16. List<int> tagIdList = [-1];
17. TagIdJsonResult result = BasicAPI.ConvertJson<TagIdJsonResult>(url, postData);
18. if (result != null)
19. {
20. tagIdList = result.tagidlist;
21. }
22. return tagIdList;
23. }
24. #endregion
```

上述这些接口基本上可以实现用户标签管理，另外还有获取公众号已创建的标签和获取标签下的粉丝列表这些接口，其实现方法和上述接口类似。

## 5.1.2 设备用户备注名

使用微信的人很少使用自己的真实姓名，大都使用昵称，然而，如果要找某位朋友，就很难找到了。当给朋友设置备注及标签后，就可以通过这种方式很容易找到。

开发者可以通过设置备注及标签接口对指定用户设置备注名，该接口暂时开放给微信认证的服务号。接口调用的请求说明如下。

HTTP 请求方式：POST（使用 HTTPS）。

https://api.weixin.qq.com/cgi-bin/user/info/updateremark?access_token=ACCESS_TOKEN

POST 数据格式：JSON。

POST 数据例子：

```
1.  {
2.      "openid":"oDF3iY9ffA-hqb2vVvbr7qxf6A0Q",
3.      "remark":"pangzi"
4.  }
```

参数说明如表 5-1 所示。

表 5-1 设置备注名请求参数说明

| 参数 | 说明 |
| --- | --- |
| openid | 用户标识 |
| remark | 新的备注名，长度必须小于 30 字符 |

正常时返回的 JSON 数据包示例：

```
1.  {
2.      "errcode":0,
3.      "errmsg":"ok"
4.  }
```

错误时的 JSON 数据包示例（该示例为 AppID 无效错误）：

```
1.  {
2.      "errcode":40013,
3.      "errmsg":"invalid appid"
4.  }
```

## 5.1.3 获取用户基本信息

本小节介绍如何获得微信公众平台关注用户的基本信息，包括昵称、头像、性别、所在城市、语言和关注时间。

当用户关注公众号时，公众号服务器只能获取用户的 OpenID，不能获取用户的其他信息。通过调用用户基本信息接口，公众号可根据 OpenID 获取用户的基本信息，如果开发者有在多个公众号或在公众号、移动应用之间统一用户账号的需求，需要前往微信开放平台，绑定公众号后，才可利用 UnionID 机制来满足上述需求。

接口调用请求说明如下。

HTTP 请求方式：GET。

https://api.weixin.qq.com/cgi-bin/user/info?access_token=ACCESS_TOKEN&openid=OPENID&lang=zh_CN

参数说明如表 5-2 所示。

表 5-2 获取用户基本信息请求参数说明

| 参　　数 | 是否必须 | 说　　明 |
|---|---|---|
| access_token | 是 | 调用接口凭证 |
| openid | 是 | 普通用户的标识，对当前公众号唯一 |
| lang | 否 | 返回国家地区语言版本：zh_CN 简体中文、zh_TW 繁体中文、en 英语 |

正常情况下，微信会返回下述 JSON 数据包给公众号。

```
1.  {
2.      "subscribe": 1,
3.      "openid": "o6_bmjrPTlm6_2sgVt7hMZOPfL2M",
4.      "nickname": "Band",
5.      "sex": 1,
6.      "language": "zh_CN",
7.      "city": "广州",
8.      "province": "广东",
9.      "country": "中国",
10.     "headimgurl":    "http://wx.qlogo.cn/mmopen/g3MonUZtNHkdmzicIlibx
    6iaFqAc56vxLSUfpb6n5WKSYVY0ChQKkiaJSgQ1dZuTOgvLLrhJbERQQ4eMsv84eav
    HiaiceqxibJxCfHe/0",
11.     "subscribe_time": 1382694957,
12.     "unionid": " o6_bmasdasdsad6_2sgVt7hMZOPfL"
13.     "remark": "",
14.     "tagid_list":[128,2]
15. }
```

参数说明如表 5-3 所示。

表 5-3 返回用户基本信息参数说明

| 参　　数 | 说　　明 |
|---|---|
| subscribe | 用户是否订阅该公众号标识，值为 0 时，代表此用户没有关注该公众号，拉取不到其余信息 |
| openid | 用户的标识，对当前公众号唯一 |
| nickname | 用户的昵称 |
| sex | 用户的性别，值为 1 时是男性，值为 2 时是女性，值为 0 时是未知 |
| city | 用户所在城市 |
| country | 用户所在国家 |
| province | 用户所在省份 |
| language | 用户的语言，简体中文为 zh_CN |

续表

| 参数 | 说明 |
|---|---|
| headimgurl | 用户头像，最后一个数值代表正方形头像大小（有0、46、64、96、132数值可选，0代表640像素×640像素正方形头像），用户没有头像时该项为空。若用户更换头像，原有头像URL将失效 |
| subscribe_time | 用户关注时间，为时间戳。如果用户曾多次关注，则取最后关注时间 |
| unionid | 只有在用户将公众号绑定到微信开放平台账号后，才会出现该字段 |
| remark | 公众号运营者对粉丝的备注，公众号运营者可在微信公众平台用户管理界面对粉丝添加备注 |

从上述可知，可通过access_token来获得用户的基本信息。access_token产生的方式有两种，一种是使用AppID和AppSecret获取access_token，另一种是OAuth 2.0授权中产生access_token。对于前一种，这里称为App access_token，后一种称为OAu access_token。下面分别对这两种方式获得用户的基本信息进行说明。

### 1. 通过App access_token获取用户基本信息

（1）用户关注以及回复消息的时候，均可以获得用户的OpenID。

```
1.  <xml>
2.     <ToUserName><![CDATA[gh_b629c48b653e]]></ToUserName>
3.     <FromUserName><![CDATA[ollB4jv7LA3tydjviJp5V9qTU_kA]]></FromUserName>
4.     <CreateTime>1372307736</CreateTime>
5.     <MsgType><![CDATA[event]]></MsgType>
6.     <Event><![CDATA[subscribe]]></Event>
7.     <EventKey><![CDATA[]]></EventKey>
8.  </xml>
```

其中的FromUserName就是OpenID。

（2）然后使用access_token接口，请求获得App access_token。

HTTP请求链接如下：

https://api.weixin.qq.com/cgi-bin/token?grant_type=client_credential&appid=APPID&secret=APPSECRET

返回结果如下：

```
1.  {
2.     "access_token": "NU7Kr6v9L9TQaqm5NE3OTPctTZx797Wxw4Snd2WL2HHBqLCiX
    lDVOw2l-SeOI-WmOLLniAYLAwzhbYhXNjbLc_KAA092cxkmpj5FpuqNO0IL7bB0Exz
    5s5qC9Umypy-rz2y441W9qgfnmNtIZWSjSQ",
3.     "expires_in": 7200
4.  }
```

（3）再使用App access_token获取OpenID的详细信息。

HTTP请求链接如下：

https://api.weixin.qq.com/cgi-bin/user/info?access_token=ACCESS_TOKEN&openid=OPENID

返回结果如下：

```
1.  {
2.      "subscribe": 1,
3.      "openid": "oLVPpjqs2BhvzwPj5A-vTYAX4GLc",
4.      "nickname": "熊猫宝宝",
5.      "sex": 1,
6.      "language": "zh_CN",
7.      "city": "深圳",
8.      "province": "广东",
9.      "country": "中国",
10.     "headimgurl": "http://wx.qlogo.cn/mmopen/JcDicrZBlREhnNXZRudod9
    PmibRkIs5K2f1tUQ7lFjC63pYHaXGxNDgMzjGDEuvzYZbFOqtUXaxSdoZG6iane5ko9H
    30krIbzGv/0",
11.     "subscribe_time": 1386160805
12. }
```

至此已获得用户的基本信息。这种方式最适合用户在关注的时候为用户回复一条欢迎关注+用户昵称的信息。

### 2. 通过 OAuth 2.0 方式弹出授权页面获得用户基本信息

（1）首先配置回调域名，如图 5-1 所示。

图 5-1　配置回调域名

（2）构造请求 URL 如下：

https://open.weixin.qq.com/connect/oauth2/authorize?appid=wx888888888888888&redirect_uri=http://mascot.duapp.com/oauth2.php&response_type=code&scope=snsapi_userinfo&state=1#wechat_redirect

页面 URL 中的 scope=snsapi_userinfo 表示应用授权作用域为请求用户信息。需要注意的是，如果使用别人的 AppID 和 AppSecret，那么获得的 OpenID 是那个有高级接口权限的服务号的。这里可以通过消息回复获取本公众号下的 OpenID，带入回调中，与另一个 OpenID 进行关联，也可以使用开放平台的 UnionID 功能来得到用户在自己账号下的 OpenID 。

https://open.weixin.qq.com/connect/oauth2/authorize?appid=wx888888888888888&redirect_uri=http://mascot.duapp.com/oauth2.php?userid=oc7tbuPA9BgUCLADib5nB3k2KWWg&response_type=code&scope=snsapi_userinfo&state=1#wechat_redirect

将该链接回复给关注用户，用户单击后，弹出授权界面，如图 5-2 所示。

图 5-2　授权界面

（3）回调页面得到的链接如下，回调 URL 中将包含参数 code。

http://mascot.duapp.com/oauth2.php?code=00b788e3b42043c8459a57a8d8ab5d9f&state=1

或者如下 URL：

http://mascot.duapp.com/oauth2.php?userid=oc7tbuPA9BgUCLADib5nB3k2KWWg&code=00b788e3b42043c8459a57a8d8ab5d9f&state=1

（4）再使用 code 换取 oauth2 的 OAu access_token。

URL 如下：

https://api.weixin.qq.com/sns/oauth2/access_token?appid=wx888888888888888&secret=aaaaaaaaaaaaaaaaaaaaaaaaaaaaaaaa&code=00b788e3b42043c8459a57a8d8ab5d9f&grant_type=authorization_code

获得如下 OAu access_token：

```
1.  {
2.      "access_token": "OezXcEiiBSKSxW0eoylIeAsR0GmYd1awCffdHgb4fhS_KKf2CotGj2cBNUKQQvj-G0ZWEE5-uBjBz941EOPqDQy5sS_GCs2z40dnvU99Y5AI1bw2uqN--2jXoBLIM5d6L9RImvm8Vg8cBAiLpWA8Vw",
3.      "expires_in": 7200,
4.      "refresh_token": "OezXcEiiBSKSxW0eoylIeAsR0GmYd1awCffdHgb4fhS_KKf2CotGj2cBNUKQQvj-G0ZWEE5-uBjBz941EOPqDQy5sS_GCs2z40dnvU99Y5CZPAwZksiuz_6x_TfkLoXLU7kdKM2232WDXB3Msuzq1A",
5.      "openid": "oLVPpjqs9BhvzwPj5A-vTYAX3GLc",
6.      "scope": "snsapi_userinfo,"
7.  }
```

（5）再使用 OAu access_token 获取用户信息。

URL 如下：

https://api.weixin.qq.com/sns/userinfo?access_token=OezXcEiiBSKSxW0eoylIeAsR0GmYd1awCffdHgb4fhS_KKf2CotGj2cBNUKQQvj-G0ZWEE5-uBjBz941EOPqDQy5sS_GCs2z40dnvU99Y5AI1bw2uqN--2jXoBLIM5d6L9RImvm8Vg8cBAiLpWA8Vw&openid=oLVPpjqs9BhvzwPj5A-vTYAX3GLc

返回结果如下：

```
1.  {
2.      "openid": "oLVPpjqs9BhvzwPj5A-vTYAX3GLc",
3.      "nickname": "熊猫宝宝",
4.      "sex": 1,
5.      "language": "zh_CN",
6.      "city": "深圳",
7.      "province": "广东",
8.      "country": "中国",
9.      "headimgurl": "http://wx.qlogo.cn/mmopen/utpKYf69VAbCRDRlbUsPsdQN38DoibCkrU6SAMCSNx558eTaLVM8PyM6jlEGzOrH67hyZibIZPXu4BK1XNWzSXB3Cs4qpBBg18/0",
10.     "privilege": []
11. }
```

这样就可以完整地获取用户信息。

## 第 5 章　用户管理与账号管理

### 3. 通过 OAuth 2.0 方式不弹出授权页面获得用户基本信息

（1）配置回调域名，如图 5-3 所示。

（2）构造请求 URL。

https://open.weixin.qq.com/connect/oauth2/authorize?appid=wx888888888888888&redirect_uri=http://mascot.duapp.com/oauth2.php&response_type=code&scope=snsapi_base&state=1#wechat_redirect

图 5-3　配置回调域名

页面 URL 中的 scope=snsapi_base 表示应用授权作用域为不弹出授权页面，直接跳转，只获取用户 OpenID。

（3）返回回调页面。

http://israel.duapp.com?code=02a9bed29b2185a9f0ed3a48fe56e700&state=1

通过此链接可以获得 code。

（4）再使用 code 获取 OpenID。

URL 如下：

https://api.weixin.qq.com/sns/oauth2/access_token?appid=wx8888888888888888&secret=aaaaaaaaaaaaaaaaaaaaaaaaaaaaaaaa&code=02a9bed29b2185a9f0ed3a48fe56e700&grant_type=authorization_code

返回结果如下：

```
1.  {
2.    "access_token": "OezXcEiiBSKSxW0eoylIeAsR0GmYd1awCffdHgb4fhS_KKf2CotGj2c
      BNUKQQvj-oJ9VmO-0Z-_izfnSAX_s0aqDsYkW4s8W5dLZ4iyNj5Y6vey3dgDtFki5
      C8r6D0E6mSVxxtb8BjLMhb-mCyT_Yg",
3.    "expires_in": 7200,
4.    "refresh_token": "OezXcEiiBSKSxW0eoylIeAsR0GmYd1awCffdHgb4fhS_KKf2CotGj2
      cBNUKQQvj-oJ9VmO-0Z-_izfnSAX_s0aqDsYkW4s8W5dLZ4iyNj5YBkF0ZUH1Ew8Iqea
      6x_itq13sYDqP1D7ieaDy9u2AHHw",
5.    "openid": "oLVPpjqs9BhvzwPj5A-vTYAX3GLc",
6.    "scope": "snsapi_base"
7.  }
```

（5）然后获取 App access_token。

https://api.weixin.qq.com/cgi-bin/token?grant_type=client_credential&appid=APPID&secret=APPSECRET

返回结果如下：

```
1.  {
2.    "access_token": "NU7Kr6v9L9TQaqm5NE3OTPctTZx797Wxw4Snd2WL2HHBqLCiXlDVOw2l-
      Se0I-WmOLLniAYLAwzhbYhXNjbLc_KAA092cxkmpj5FpuqNO0IL7bB0Exz5s5qC9Umypy-
      rz2y441W9qgfnmNtIZWSjSQ",
3.    "expires_in": 7200
4.  }
```

（6）再使用 App access_token 获取 OpenID 的详细信息。

https://api.weixin.qq.com/cgi-bin/user/info?access_token=ACCESS_TOKEN&openid=OPENID

返回结果如下：

```
1.  {
2.      "subscribe": 1,
3.      "openid": "oLVPpjqs2BhvzwPj5A-vTYAX4GLc",
4.      "nickname": "熊猫宝宝",
5.      "sex": 1,
6.      "language": "zh_CN",
7.      "city": "深圳",
8.      "province": "广东",
9.      "country": "中国",
10.     "headimgurl": "http://wx.qlogo.cn/mmopen/JcDicrZBlREhnNXZRudod9
    PmibRkIs5K2f1tUQ7lFjC63pYHaXGxNDgMzjGDEuvzYZbFOqtUXaxSdoZG6iane5ko9
    H30krIbzGv/0",
11.     "subscribe_time": 1386160805
12. }
```

此方法也可成功获得用户基本信息。这种方法适合已经有 OAuth 2.0 网页授权的服务号在网页中使用，且不会弹出"微信登录"页面，减少给用户的打扰。

### 5.1.4 获取用户列表

公众号可通过获取用户列表接口来获取账号的关注者列表。关注者列表由一串 OpenID（加密后的微信号，每个用户对公众号的 OpenID 是唯一的）组成。一次拉取调用最多拉取 10 000 个关注者的 OpenID，可以通过多次拉取的方式来满足需求。

接口调用请求说明如下。

HTTP 请求方式：GET（使用 HTTPS）。

https://api.weixin.qq.com/cgi-bin/user/get?access_token=ACCESS_TOKEN&next_openid=NEXT_OPENID

参数说明如表 5-4 所示。

表 5-4 获取用户列表请求参数说明

| 参　　数 | 是否必须 | 说　　明 |
| --- | --- | --- |
| access_token | 是 | 调用接口凭证 |
| next_openid | 是 | 第一个拉取的 OpenID，不填，则默认从头开始拉取 |

正确时返回的 JSON 数据包如下：

```
1.  {
2.      "total":2,
3.      "count":2,
4.      "data":{"openid":["","OPENID1","OPENID2"]},
5.      "next_openid":"NEXT_OPENID"
6.  }
```

参数说明如表 5-5 所示。

## 第 5 章 用户管理与账号管理

表 5-5　正确返回用户列表参数说明

| 参　　数 | 说　　明 |
| --- | --- |
| total | 关注该公众号的总用户数 |
| count | 拉取的 OpenID 个数，最大值为 10 000 |
| data | 列表数据，OpenID 的列表 |
| next_openid | 拉取列表的最后一个用户的 OpenID |

### 5.1.5　获取用户地理位置

在进行微信运营的时候，用户地理位置是进行营销策划、广告活动投放、用户精准营销的重要依据。下面对微信开发中如何获取用户地理位置进行分析。

获取用户地理位置，需要在微信公众平台开发者中心开启上报地理位置接口功能，开启之后会在用户首次进入公众号时弹出是否允许上报地理位置选项。如果选择允许，则在用户每次进入公众号会话时，微信都会以 XML 形式将用户的地理位置上报到开发者中心填写的 URL 上。需要注意的是，用户地理位置是被动获取的，需用户同意后才会上报，微信公众平台开发不能主动获取用户地理位置。

推送 XML 数据包示例：

```
1.  <xml>
2.  <ToUserName><![CDATA[toUser]]></ToUserName>
3.  <FromUserName><![CDATA[fromUser]]></FromUserName>
4.  <CreateTime>123456789</CreateTime>
5.  <MsgType><![CDATA[event]]></MsgType>
6.  <Event><![CDATA[LOCATION]]></Event>
7.  <Latitude>23.137466</Latitude>
8.  <Longitude>113.352425</Longitude>
9.  <Precision>119.385040</Precision>
10. </xml>
```

参数说明如表 5-6 所示。

表 5-6　获取用户地理位置参数说明

| 参　　数 | 描　　述 |
| --- | --- |
| ToUserName | 开发者微信号 |
| FromUserName | 发送方账号（一个 OpenID） |
| CreateTime | 消息创建时间（整型） |
| MsgType | 消息类型，event |
| Event | 事件类型，LOCATION |
| Latitude | 地理位置纬度 |
| Longitude | 地理位置经度 |
| Precision | 地理位置精度 |

# 微信公众平台开发技术

下面来记录用户的地理位置信息到数据库，首先引用 Wechat SDK，如下：

use Com\Wechat;

将数据插入数据库，代码如下：

```
1.   public function index(){
2.       $agent = $_SERVER['HTTP_USER_AGENT'];
3.       if(!strpos($agent,"MicroMessenger")) {
4.           echo '只能在微信浏览器中使用';
5.           exit;
6.       }
7.       $token = '7894578953485348944qwe'; //微信后台填写的token
8.       // 加载微信 SDK
9.       $wechat = new Wechat($token);
10.      // 获取请求信息
11.      $data = $wechat->request();
12.      if($data && is_array($data)){
13.          M('wxuser_location')->add($data);
14.          //此处为写入数据库操作，至于数据库结构，数据写入操作根据系统决定
15.      }
16.  }
```

保存到数据库中，结果如图 5-4 所示。

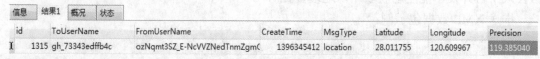

图 5-4　数据插入数据库的结果

这就把用户的地理位置数据记录下来了，以后如果需要根据用户地理位置推送某些消息（如附近的门店），就可以在数据库中查询用户的最近一次地理位置信息来推送了，如微信菜单上有一个按钮叫作"附近门店"，就可以把这个地理位置匹配门店地理位置，选择性地向用户推送。

## 5.2　账号管理

微信公众号是个人或商家在微信公众平台上申请的应用账号，该账号与 QQ 账号互通。通过公众号，商家可在微信平台上实现和特定群体的文字、图片、语音的全方位沟通、互动。从品牌、产品销售、人才及客户方面考虑，商家需要微信公众号；作为个人，如果要打造自己的自媒体，那么个人的公众号是一个非常好的工具。为了更好地推广与管理公众号，微信公众平台提供了创建公众号二维码接口、长链接转短链接接口、微信认证事件推送的接口。

### 5.2.1　创建二维码接口

公众平台提供了创建二维码的接口，可以创建带有不同场景值的二维码，具有用户渠道推广的功能。用户扫描后，公众号可以接收到事件推送。目前有两种类型的二维码，分别是临时二维码和永久二维码，前者有过期时间，最大为 1800 s，但能够生成较多数量，后者无过期时间，数量较少（目前参数只支持 1~100000）。两种二维码分别适用于账号绑

# 第 5 章 用户管理与账号管理

定和用户来源统计等场景。

用户扫描带场景值二维码时，可能推送以下两种事件。

（1）若用户还未关注公众号，用户可以先关注公众号，关注后，微信会将带场景值的关注事件推送给开发者（例如为特定活动准备的二维码，与会者扫描后关注微信号，与此同时，微信号可以将活动相关的信息推送给用户）。

（2）若用户已经关注公众号，在用户扫描后会自动进入会话，微信也会将带场景值扫描事件推送给开发者（上例同样适用）。

获取带参数的二维码的过程包括两步：首先创建二维码 ticket，然后凭借 ticket 到指定 URL 换取二维码。每次创建二维码 ticket 需要提供一个开发者自行设定的参数（scene_id）。下面分别介绍创建临时二维码和永久二维码的 ticket 的过程。

临时二维码请求说明。

HTTP 请求方式：POST。

URL：https://api.weixin.qq.com/cgi-bin/qrcode/create?access_token=TOKEN

POST 数据格式：JSON。

POST 数据例子：

```
1.  {
2.  "expire_seconds": 604800,
3.  "action_name": "QR_SCENE",
4.  "action_info": {
5.  "scene": {"scene_id": 123}
6.  }
7.  }
```

永久二维码请求说明如下。

HTTP 请求方式：POST。

URL：https://api.weixin.qq.com/cgi-bin/qrcode/create?access_token=TOKEN

POST 数据格式：JSON。

POST 数据例子：

```
1.  {
2.  "action_name": "QR_LIMIT_SCENE",
3.  "action_info": {
4.  "scene": {"scene_id": 123}
5.  }
6.  }
```

或者也可以使用以下 POST 数据创建字符串形式的二维码参数：

```
1.  {
2.  "action_name": "QR_LIMIT_STR_SCENE",
3.  "action_info": {
4.  "scene": {"scene_str": "123"}
5.  }
6.  }
```

二维码请求参数说明如表 5-7 所示。

表 5-7 二维码请求参数说明

| 参数 | 说明 |
| --- | --- |
| expire_seconds | 该二维码的有效时间，以秒为单位。最大不超过 2592000 s（即 30 天），此字段如果不填，则默认有效期为 30 s |
| action_name | 二维码类型，QR_SCENE 为临时，QR_LIMIT_SCENE 为永久，QR_LIMIT_STR_SCENE 为永久的字符串参数值 |
| action_info | 二维码详细信息 |
| scene_id | 场景值 ID，临时二维码时为 32 位非 0 整型，永久二维码时最大值为 100000（目前参数只支持 1~100000） |
| scene_str | 场景值 ID（字符串形式的 ID），字符串类型，长度限制为 1~64，仅永久二维码支持此字段 |

正确的 JSON 返回结果：

```
1.  {
2.  "ticket":"gQH47joAAAAAAAAASxodHRwOi8vd2VpeGluLnFxLmNvbS9xL2taZ2Z3
TVRtNzJXV1Brb3ZhYmJJJAAIEZ23sUwMEmm3sUw==",
3.  "expire_seconds":60,
4.  "url":"http:\/\/weixin.qq.com\/q\/kZgfwMTm72WWPkovabbI"
5.  }
```

返回参数说明如表 5-8 所示。

表 5-8 返回参数说明

| 参数 | 说明 |
| --- | --- |
| ticket | 获取的二维码 ticket，凭借此 ticket 可以在有效时间内换取二维码 |
| expire_seconds | 该二维码的有效时间，以秒为单位。最大不超过 2592000 s（即 30 天） |
| url | 二维码图片解析后的地址，开发者可根据该地址自行生成需要的二维码图片 |

错误的 JSON 返回示例：

```
1.  {
2.  "errcode":40013,
3.  "errmsg":"invalid appid"
4.  }
```

下面构造一个 Visualforce Page 来生成 ticket，Visualforce Page 代码如下：

```
1.  <apex:page standardstylesheets="false" showHeader="false" sidebar=
    "false" controller="WeChatQRCodeGeneratorController" >
2.  <apex:form >
3.  <font face="微软雅黑"><strong>第一步，创建二维码 Ticket</strong><br /><br />
4.  请输入授权 AccessToken：<apex:inputText size="100" value="{!accessToken}"
    id="accessToken"/><br /><br />
5.  <apex:commandButton value="生成创建二维码 Ticket" action="{!send}"
    id="send" /><br />
6.  </font>
7.  </apex:form>
```

```
8.    {!msg}
9.    </apex:page>
```

上面代码的第 4 行放置了一个 apex:inputText 控件,相当于 HTML 的文本框,value 的值指定了 accessToken,这个必须是 WeChatQRCodeGeneratorController 类中的一个有 Getter Setter 的公开属性。如果该属性有默认值,则文本框会显示这个默认值。如果用户修改了文本框的内容,accessToken 属性的值也会自动改变。第 5 行放置了一个 apex:commandButton 控件,相当于 HTML 的按钮,单击这个按钮将触发 action 处指定的方法 send。第 8 行直接显示 msg 变量,该变量会用来显示微信接口返回的 JSON。画面显示效果如图 5-5 所示。

图 5-5　创建二维码 ticket 的显示效果

WeChatQRCodeGeneratorController 类的代码如下:

```
1.  public class WeChatQRCodeGeneratorController {
2.    public String msg { get; set; }
3.    public String accessToken { get; set; }
4.    public void send() {
5.      Http h = new Http();
6.      HttpRequest req = new HttpRequest();
7.      req.setMethod('POST');
8.      req.setHeader('Accept-Encoding','gzip,deflate');
9.      req.setHeader('Content-Type','text/xml;charset=UTF-8');
10.     req.setHeader('User-Agent','Jakarta Commons-HttpClient/3.1');
11.     String json = '{"expire_seconds": 1800, "action_name": "QR_SCENE", "action_info": {"scene": {"scene_id": 12345}}}';
12.     req.setBody(json);
13.     req.setEndpoint('https://api.weixin.qq.com/cgi-bin/qrcode/create?access_token=' + accessToken);
14.     String bodyRes = '';
15.     try{
16.       HttpResponse res = h.send(req);
17.       bodyRes = res.getBody();
18.     }
19.     catch(System.CalloutException e) {
20.       System.debug('Callout error: '+ e);
21.       ApexPages.addMessage(new ApexPages.Message(ApexPages.Severity.FATAL, e.getMessage()));
22.     }
23.     msg = bodyRes;
24.   }
25. }
```

完成后保存代码,输入正确有效的 Access_Token,单击"生成创建二维码 Ticket"按钮将会得到图 5-6 所示的用来换取二维码的票据。其实返回的 JSON 里最后一个参数 URL 的值即是二维码的值,可以用这个结果通过在线二维码生成器生成二维码。

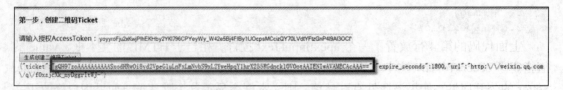

图 5-6 换取二维码的票据

获取二维码 ticket 后,开发者可用 ticket 换取二维码图片,本接口无须登录即可调用,接口请求说明如下。

HTTP 请求方式:GET(使用 HTTPS)。

https://mp.weixin.qq.com/cgi-bin/showqrcode?ticket=TICKET

返回说明如下。

ticket 正确的情况下,HTTP 返回码是 200,是一张图片,可以直接展示或者下载。HTTP 头(示例)如下:

```
1.  Accept-Ranges:bytes
2.  Cache-control:max-age=604800
3.  Connection:keep-alive
4.  Content-Length:28026
5.  Content-Type:image/jpg
6.  Date:Wed, 16 Oct 2013 06:37:10 GMT
7.  Expires:Wed, 23 Oct 2013 14:37:10 +0800
8.  Server:nginx/1.4.1
```

错误情况下(如 ticket 非法)返回 HTTP 错误码 404。利用前面返回的票据调用该接口,示例如下:

https://mp.weixin.qq.com/cgi-bin/showqrcode?ticket=gQH97zoAAAAAAAAASxodHRwOi8vd2VpeGluLnFxLmNvbS9xL2YweHpqY1hrX255RGdnckloV0otAAIENIwAVAMECAcAAA==

### 5.2.2 长链接转短链接接口

长链接转短链接接口的主要使用场景:开发者用于生成二维码的原链接(商品、支付二维码等)太长导致扫码速度和成功率下降,将原长链接通过此接口转换成短链接再生成二维码,将大大提升扫码速度和成功率。

接口调用请求说明:开发者可通过 OpenID 来获取用户基本信息。

HTTP 请求方式:POST。

https://api.weixin.qq.com/cgi-bin/shorturl?access_token=ACCESS_TOKEN

调用举例如下:

```
1.  curl -d
2.  {\"action\":\"long2short\",\"long_url\":\"http://wap.koudaitong.com/v2/showcase/goods?alias=128wi9shh&spm=h56083&redirect_count=1\"}"
"https://api.weixin.qq.com/cgi-bin/shorturl?access_token=ACCESS_TOKEN"
```

接口调用参数说明如表 5-9 所示。

# 第 5 章　用户管理与账号管理

表 5-9　接口调用参数说明

| 参　　数 | 是否必须 | 说　　明 |
|---|---|---|
| access_token | 是 | 调用接口凭证 |
| action | 是 | 此处填 long2short，代表长链接转短链接 |
| long_url | 是 | 需要转换的长链接，支持 http://、https://、weixin://wxpay 格式的 URL |

正常情况下，微信会返回下述 JSON 数据包给公众号：

```
1.  {
2.  "errcode":0,
3.  "errmsg":"ok",
4.  "short_url":"http:\/\/w.url.cn\/s\/AvCo6Ih"
5.  }
```

参数说明如表 5-10 所示。

表 5-10　返回参数说明

| 参　　数 | 说　　明 |
|---|---|
| errcode | 错误码 |
| errmsg | 错误信息 |
| short_url | 短链接 |

错误时，微信会返回错误码等信息，JSON 数据包示例如下（该示例为 AppID 无效错误）：

```
1.  {
2.  "errcode":40013,
3.  "errmsg":"invalid appid"
4.  }
```

## 5.2.3　微信认证事件推送

在微信用户和公众号产生交互的过程中，用户的某些操作会使得微信服务器通过事件推送的形式通知到开发者在开发者中心处设置的服务器地址，从而开发者可以获取到该信息。其中，某些事件推送发生后是允许开发者回复用户的，某些则不允许。而认证后的公众号的接口权限一般是高于未认证的。

出于公众号开发者需要获取公众号的认证状态和第三方平台开发者需要获知旗下公众号的认证状态方面的考虑，微信公众平台提供了公众号认证过程中各个阶段的事件推送。事件推送将会推送消息给公众平台官网开发者中心设置的服务地址；但如果公众号已将账号管理权限集（因为该接口权限从属于账号管理权限集）授权给第三方平台，那么将由第三方平台代公众号接收事件推送，包括推送到第三方平台的公众号消息与事件接收 URL。

需要注意的是，资质认证成功后，公众号就获得了认证相关的接口权限，资质认证成功一定发生在名称认证成功之前；而在名称认证成功后，公众号才在微信客户端中获得成功认证标识。

### 1. 资质认证成功

资质认证成功后会立即获得接口权限，推送 XML 数据包示例：

```
1.  <xml><ToUserName><![CDATA[toUser]]></ToUserName>
2.  <FromUserName><![CDATA[fromUser]]></FromUserName>
3.  <CreateTime>1442401156</CreateTime>
4.  <MsgType><![CDATA[event]]></MsgType>
5.  <Event><![CDATA[qualification_verify_success]]></Event>
6.  <ExpiredTime>1442401156</ExpiredTime>
7.  </xml>
```

参数说明如表 5-11 所示。

表 5-11　获得接口权限参数说明

| 参　　数 | 描　　述 |
| --- | --- |
| ToUserName | 开发者微信号 |
| FromUserName | 发送方账号（一个 OpenID，此时发送方是系统账号） |
| CreateTime | 消息创建时间（整型），时间戳 |
| MsgType | 消息类型，event |
| Event | 事件类型 qualification_verify_success |
| ExpiredTime | 有效期（整型），指的是时间戳，将于该时间戳认证过期 |

### 2. 资质认证失败

推送 XML 数据包示例：

```
1.  <xml><ToUserName><![CDATA[toUser]]></ToUserName>
2.  <FromUserName><![CDATA[fromUser]]></FromUserName>
3.  <CreateTime>1442401156</CreateTime>
4.  <MsgType><![CDATA[event]]></MsgType>
5.  <Event><![CDATA[qualification_verify_fail]]></Event>
6.  <FailTime>1442401122</FailTime>
7.  <FailReason><![CDATA[by time]]></FailReason>
8.  </xml>
```

参数说明如表 5-12 所示。

表 5-12　资质认证失败参数说明

| 参　　数 | 描　　述 |
| --- | --- |
| ToUserName | 开发者微信号 |
| FromUserName | 发送方账号（一个 OpenID，此时发送方是系统账号） |
| CreateTime | 消息创建时间（整型），时间戳 |
| MsgType | 消息类型，event |
| Event | 事件类型 qualification_verify_fail |
| FailTime | 失败发生时间（整型），时间戳 |
| FailReason | 认证失败的原因 |

# 第 5 章 用户管理与账号管理

## 3．名称认证成功（命名成功）

推送 XML 数据包示例：

```
1.  <xml><ToUserName><![CDATA[toUser]]></ToUserName>
2.  <FromUserName><![CDATA[fromUser]]></FromUserName>
3.  <CreateTime>1442401093</CreateTime>
4.  <MsgType><![CDATA[event]]></MsgType>
5.  <Event><![CDATA[naming_verify_success]]></Event>
6.  <ExpiredTime>1442401093</ExpiredTime>
7.  </xml>
```

参数说明如表 5-13 所示。

表 5-13　命名成功参数说明

| 参　　数 | 描　　述 |
| --- | --- |
| ToUserName | 开发者微信号 |
| FromUserName | 发送方账号（一个 OpenID，此时发送方是系统账号） |
| CreateTime | 消息创建时间（整型），时间戳 |
| MsgType | 消息类型，event |
| Event | 事件类型 naming_verify_success |
| ExpiredTime | 有效期（整型），指的是时间戳，将于该时间戳认证过期 |

## 4．名称认证失败

推送 XML 数据包示例如下：

```
1.  <xml><ToUserName><![CDATA[toUser]]></ToUserName>
2.  <FromUserName><![CDATA[fromUser]]></FromUserName>
3.  <CreateTime>1442401061</CreateTime>
4.  <MsgType><![CDATA[event]]></MsgType>
5.  <Event><![CDATA[naming_verify_fail]]></Event>
6.  <FailTime>1442401061</FailTime>
7.  <FailReason><![CDATA[by time]]></FailReason>
8.  </xml>
```

参数说明如表 5-14 所示。

表 5-14　名称认证失败参数说明

| 参　　数 | 描述 |
| --- | --- |
| ToUserName | 开发者微信号 |
| FromUserName | 发送方账号（一个 OpenID，此时发送方是系统账号） |
| CreateTime | 消息创建时间（整型），时间戳 |
| MsgType | 消息类型，event |
| Event | 事件类型 naming_verify_fail |
| FailTime | 失败发生时间（整型），时间戳 |
| FailReason | 认证失败的原因 |

### 5. 年审通知

推送 XML 数据包示例：

```
1.  <xml><ToUserName><![CDATA[toUser]]></ToUserName>
2.  <FromUserName><![CDATA[fromUser]]></FromUserName>
3.  <CreateTime>1442401004</CreateTime>
4.  <MsgType><![CDATA[event]]></MsgType>
5.  <Event><![CDATA[annual_renew]]></Event>
6.  <ExpiredTime>1442401004</ExpiredTime>
7.  </xml>
```

参数说明如表 5-15 所示。

表 5-15 年审通知参数说明

| 参数 | 描述 |
| --- | --- |
| ToUserName | 开发者微信号 |
| FromUserName | 发送方账号（一个 OpenID，此时发送方是系统账号） |
| CreateTime | 消息创建时间（整型），时间戳 |
| MsgType | 消息类型，event |
| Event | 事件类型 annual_renew，提醒公众号需要去年审了 |
| ExpiredTime | 有效期（整型），指的是时间戳，将于该时间戳认证过期，需尽快年审 |

### 6. 认证过期失效通知

推送 XML 数据包示例：

```
1.  <xml><ToUserName><![CDATA[toUser]]></ToUserName>
2.  <FromUserName><![CDATA[fromUser]]></FromUserName>
3.  <CreateTime>1442400900</CreateTime>
4.  <MsgType><![CDATA[event]]></MsgType>
5.  <Event><![CDATA[verify_expired]]></Event>
6.  <ExpiredTime>1442400900</ExpiredTime>
7.  </xml>
```

参数说明如表 5-16 所示。

表 5-16 认证过期失效参数说明

| 参数 | 描述 |
| --- | --- |
| ToUserName | 开发者微信号 |
| FromUserName | 发送方账号（一个 OpenID，此时发送方是系统账号） |
| CreateTime | 消息创建时间（整型），时间戳 |
| MsgType | 消息类型，event |
| Event | 事件类型 verify_expired |
| ExpiredTime | 有效期（整型），指的是时间戳，表示已于该时间戳认证过期，需要重新发起微信认证 |

# 第 5 章　用户管理与账号管理

## 本章小结

本章详细介绍了微信公众平台的用户管理与账号管理接口。通过调用用户管理接口，可对用户进行分组、备注，获取信息及其地理位置等操作。通过调用账号管理接口，可创建微信账号二维码、将长链接转换为短链接、推送微信认证事件等，以用于推广与管理。

# 第 6 章 微信小店

### 学习目标

- 了解微信小店的作用。
- 掌握微信小店的构建。
- 掌握微信小店的开发。

2014 年 5 月 29 日，微信公众平台宣布正式推出微信小店。它是基于微信公众平台打造的原生电商模式，包括添加商品、商品管理、订单管理、货架管理、维权等功能。商家可使用接口批量添加商品，快速开店。

微信小店的上线，意味着微信公众平台真正实现了技术"零门槛"的电商接入模式。

## 6.1 微信小店搭建

"微信小店"的开通方式很简单，只要是已经获得了微信认证的服务号，即可自助申请。"微信小店"基于微信支付通过公众号售卖商品，可实现开店、商品上架、货架管理、客户关系维护、维权等功能。商家只需登录微信公众平台网页版，进入"服务中心"，即可看到"微信小店"的入口，按照操作提示即可申请开通。"微信小店"可以为用户提供原生商品详情体验，货架也更简洁。

### 6.1.1 小店概况

#### 1. 小店概况

进入微信公众平台，依次单击"微信小店"→"小店概况"→"待发货订单"选项，会直接进入订单管理中的待发货功能界面，查看处理发货的订单信息，"小店概况"界面如图 6-1 所示。

图 6-1 "小店概况"界面

单击"待处理维权/仲裁单数"会直接进入"订单管理"→"维权中"功能界面。

# 第 6 章 微信小店

购买产品的用户可以在交易消息里对已经购买的商品进行维权,商家可以在微信公众平台上查看客户的维权信息并进行处理,保证双方利益的平衡。

## 2. 昨日关键指标

昨日关键指标主要是帮助商家查看上一天的交易情况,使其掌握商品的销售信息,及时进行商品营销策略的调整,如图 6-2 所示,主要显示的关键指标如下。

(1)订单数:可查看"订单管理"界面内的全部订单数。
(2)成交商品数:可查看"订单管理"界面内的全部成交商品数。
(3)成交额:可查看"订单管理"界面内的商品成交额。
(4)商品浏览量:指一定时间段内所有商品详情页的访问次数总和。
(5)货架浏览量:指一定时间段内所有货架页面的访问次数总和。
(6)小店访问人数:指一定时间段内访问小店的微信用户数。

图 6-2 昨日关键指标

## 3. 关键指标趋势图

关键指标趋势图是最近 7、15、30 天或者某个时间段的订单数、成交商品数、成交额、商品浏览量、货架浏览量、小店访问人数的指标趋势图。

## 4. 关键指标明细

关键指标明细是最近 7、15、30 天或者某个时间段的订单数、成交商品数、成交额、商品浏览量、货架浏览量、小店访问人数的指标明细(可下载关键指标明细表),如图 6-3 所示。

| 日期 | 订单数 | 成交商品数 | 成交额 | 商品浏览量 | 货架浏览量 | 小店访问人数 |
| --- | --- | --- | --- | --- | --- | --- |
| 2015-10-14 | 0 | 0 | 0 | 0 | 0 | 0 |
| 2015-10-13 | 0 | 0 | 0 | 0 | 0 | 0 |
| 2015-10-12 | 0 | 0 | 0 | 0 | 0 | 0 |
| 2015-10-11 | 0 | 0 | 0 | 0 | 0 | 0 |
| 2015-10-10 | 0 | 0 | 0 | 0 | 0 | 0 |
| 2015-10-09 | 0 | 0 | 0 | 0 | 0 | 0 |
| 2015-10-08 | 0 | 0 | 0 | 0 | 1 | 1 |

图 6-3 关键指标明细

## 5. 数据推送功能

进入微信公众平台功能,依次单击"微信小店"→"小店概况"→"数据推送"选项,

# 微信公众平台开发技术

在打开的界面中单击"绑定微信号"按钮,扫描二维码后,即可绑定个人微信号,获得每日小店数据推送,如图 6-4 所示。

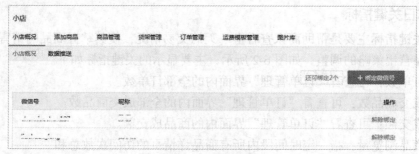

图 6-4 数据推送

## 6.1.2 添加商品

首先需要进入"微信小店",图 6-5 所示为进入"微信小店"的图示信息。

图 6-5 进入"微信小店"

单击"添加商品"选项,打开的"添加商品"界面如图 6-6 所示。

图 6-6 "添加商品"界面

# 第 6 章 微信小店

选择商品类别，比如"品牌手机-手机"，如图 6-7 所示。

图 6-7 选择商品类别

或者根据需要选择其他选项，图 6-8 所示为添加存储卡配件时的选择界面。

图 6-8 选择存储配件界面

单击"确定"按钮后，进入图 6-9 所示的页面，填写完整手机的功能参数。
保存成功后可以继续添加商品，或者对刚才添加的商品进行上架管理，如图 6-10 所示。

133

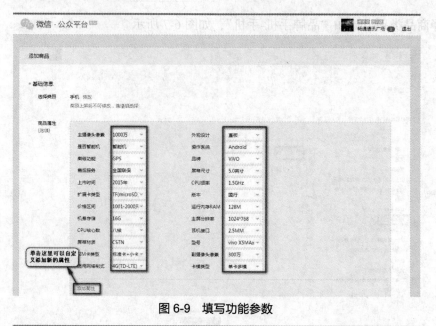

图 6-9　填写功能参数

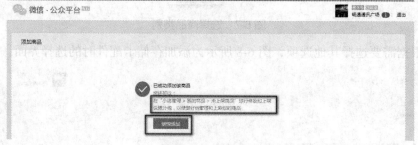

图 6-10　保存成功

### 6.1.3　商品管理

#### 1. 商品分组管理

进入微信公众平台功能，依次单击"微信小店"→"商品管理"→"商品分组管理"选项，排序方式可选择最新上架排最前、按销售热度排序、按价格从低到高、按价格从高到低。商品排序方式将影响商品在分组货架上的排序方式，可以通过预览分组货架查看最终效果，"商品分组管理"界面如图 6-11 所示。

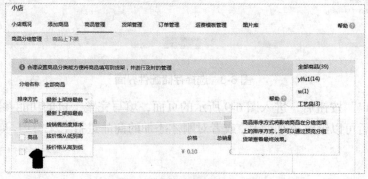

图 6-11　"商品分组管理"界面

## 2．商品上下架

进入微信公众平台功能，依次单击"微信小店"→"商品管理"→"商品上下架"选项，界面如图 6-12 所示，可实现以下功能。

（1）可以对商品进行分组管理，通过"商品价格""商品销售"选项可以快速搜索到商品。

（2）已上架商品可以选择下架，下架商品可以进行删除、编辑、再次上架。

（3）"商品上下架"界面内的"复制链接"选项指的是添加到自定义菜单里面的链接，在计算机网页中是无法打开的。

（4）对于已上架商品，可复制链接，在微信客户端发送给任何好友，打开链接可预览编辑效果。

（5）已上架商品都具有不同尺寸的二维码以供下载，在客户端扫描二维码可以进入商品详情页面。

图 6-12 "商品上下架"界面

### 6.1.4 货架管理

#### 1．货架介绍

在微信公众号的后台里面，可以对货架信息进行维护，"我的货架"界面如图 6-13 所示。货架类似于一个布局良好的展柜，把商品分门别类地展示给客户。人们可以定义不同的货架，然后公布不同的 URL 方便客户进行体验。

图 6-13 "我的货架"界面

另外，货架一般都是基于货架的模板库来构建的，货架的模板给人们快速构建一个货架提供了可视化的参考界面，货架"模板库"界面如图 6-14 所示。

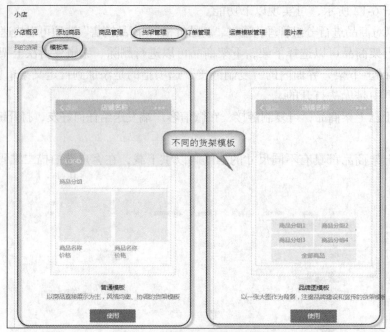

图 6-14　货架"模板库"界面

### 2. 货架管理开发模型

利用 API 开发微信店铺时，微信小店的货架管理操作接口和常规的模块差不多，具有图 6-15 所示的功能操作。

虽然看起来和前面的对象模型差不多，但是货架的信息非常复杂，因此，如果需要根据 JSON 数据把它还原为实体对象，那么需要反复进行斟酌，否则很容易建模错误。

对应着微信小店管理界面的货架模板，货架的对象信息包括了 5 个不同的控件模型，它们中的有些控件可以进行组合使用，如图 6-16 所示。

图 6-15　货架管理的功能操作　　　　　　　图 6-16　货架的对象信息

几种货架的模型展示如图 6-17 所示。

# 第 6 章 微信小店

图 6-17 货架的模型展示

对于上面的 5 种控件模型，人们可以看到它们分别代表不一样的布局效果，而且它们可以在货架上组合使用。

### 3. 货架信息对象建模

参考微信小店的 API 说明，就可以知道货架信息的 JSON 数据很复杂，具体定义如下。

```
1.  {
2.      "shelf_data": {
3.        "module_infos": [
4.          {
5.            "group_info": {
6.              "filter": {
7.                "count": 2
8.              },
9.              "group_id": 50
10.           },
11.           "eid": 1
12.         },
13.         {
14.           "group_infos": {
15.             "groups": [
16.               {
17.                 "group_id": 49
18.               },
```

```
19.            {
20.              "group_id": 50
21.            },
22.            {
23.              "group_id": 51
24.            }
25.          ]
26.        },
27.        "eid": 2
28.      },
29.      {
30.        "group_info": {
31.          "group_id": 52,
32.          "img": "http://mmbiz.qpic.cn/mmbiz/4whpV1VZl29nqqObBwFwnIX3lic
    VPnFV5Jm64z4I0TTicv0TjN7Vl9bykUUibYKIOjicAwIt6Oy0Y6a1Rjp5Tos8tg/0"
33.        },
34.        "eid": 3
35.      },
36.      {
37.        "group_infos": {
38.          "groups": [
39.            {
40.              "group_id": 49,
41.              "img": "http://mmbiz.qpic.cn/mmbiz/4whpV1VZl29nqqObBwFwnIX3
    licVPnFV5uUQx7TLx4tB9qZfbe3JmqR4NkkEmpb5LUWoXF1ek9nga0IkeSSFZ8g/0"
42.            },
43.            {
44.              "group_id": 50,
45.              "img": "http://mmbiz.qpic.cn/mmbiz/4whpV1VZl29nqqObBwFwnIX3
    licVPnFV5G1kdy3ViblHrR54gbCmbiaMnl5HpLGm5JFeENyO9FEZAy6mPypEpLibLA/0"
46.            },
47.            {
48.              "group_id": 52,
49.              "img": "http://mmbiz.qpic.cn/mmbiz/4whpV1VZl29nqqObBwFwnIX3
    licVPnFV5uUQx7TLx4tB9qZfbe3JmqR4NkkEmpb5LUWoXF1ek9nga0IkeSSFZ8g/0"
50.            }
51.          ]
52.        },
53.        "eid": 4
54.      },
55.      {
56.        "group_infos": {
57.          "groups": [
58.            {
59.              "group_id": 43
60.            },
61.            {
62.              "group_id": 44
63.            },
64.            {
65.              "group_id": 45
66.            },
67.            {
68.              "group_id": 46
```

```
69.                 }
70.             ],
71.             "img_background": "http://mmbiz.qpic.cn/mmbiz/4whpV1VZl29
    nqqObBwFwnIX3licVPnFV5uUQx7TLx4tB9qZfbe3JmqR4NkkEmpb5LUWoXF1ek9nga0
    IkeSSFZ8g/0"
72.         },
73.         "eid": 5
74.     }
75.     ]
76. },
77. "shelf_banner": "http://mmbiz.qpic.cn/mmbiz/4whpV1VZl2ibrWQn8zWFUh1
    YznsMV0XEiavFfLzDWYyvQOBBszXlMaiabGWzz5B2KhNn2IDemHa3iarmCyribYlZY
    yw/0",
78. "shelf_name": "测试货架"
79. }
```

可以根据 JSON 数据对实体对象进行建模，有了这些对象，就可以进一步定义货架的相关操作接口了。接口定义如下。

```
1.      #region 货架管理
2.      /// <summary>
3.      /// 增加货架
4.      /// </summary>
5.      /// <param name="accessToken">调用接口凭证</param>
6.      /// <param name="shelfBanner">货架招牌图片Url</param>
7.      /// <param name="shelfName">货架名称</param>
8.      /// <param name="controls">货架控件1,2,3,4,5类型的集合</param>
9.      /// <returns></returns>
10.     AddShelfResult AddShelf(string accessToken, string shelfBanner,
    string shelfName, List<ShelfControlBase> controls);
11.     /// <summary>
12.     /// 删除货架
13.     /// </summary>
14.     /// <param name="accessToken">调用接口凭证</param>
15.     /// <param name="shelfId">货架Id</param>
16.     /// <returns></returns>
17.     CommonResult DeleteShelf(string accessToken, int shelfId);
18.     /// <summary>
19.     /// 修改货架
20.     /// </summary>
21.     /// <param name="accessToken">调用接口凭证</param>
22.     /// <param name="shelfId">货架Id</param>
23.     /// <param name="shelfBanner">货架招牌图片Url</param>
24.     /// <param name="shelfName">货架名称</param>
25.     /// <param name="controls">货架控件1,2,3,4,5类型的集合</param>
26.     /// <returns></returns>
27.     CommonResult UpdateShelf(string accessToken, int shelfId, string
    shelfBanner, string shelfName, List<ShelfControlBase> controls);
28.     /// <summary>
29.     /// 获取所有货架
30.     /// </summary>
31.     /// <param name="accessToken">调用接口凭证</param>
32.     /// <returns></returns>
```

```
33.         List<ShelfJson> GetAllShelf(string accessToken);
34.         /// <summary>
35.         /// 根据货架 ID 获取货架信息
36.         /// </summary>
37.         /// <param name="accessToken">调用接口凭证</param>
38.         /// <param name="shelfId">货架 Id</param>
39.         /// <returns></returns>
40.         ShelfJson GetShelfById(string accessToken, int shelfId);
41.         #endregion
```

接口定义完毕后，就需要实现对应的接口，从而实现微信 API 的封装处理。

微信小店的货架管理实现内容如下。

```
1.          /// <summary>
2.          /// 增加货架
3.          /// </summary>
4.          /// <param name="accessToken">调用接口凭证</param>
5.          /// <param name="shelfBanner">货架招牌图片 Url</param>
6.          /// <param name="shelfName">货架名称</param>
7.          /// <param name="controls">货架控件 1,2,3,4,5 类型的集合</param>
8.          /// <returns></returns>
9.          public AddShelfResult AddShelf(string accessToken, string shelfBanner, string shelfName, List<ShelfControlBase> controls)
10.         {
11.             var url = string.Format("https://api.weixin.qq.com/merchant/shelf/add?access_token={0}", accessToken);
12.             var data = new
13.             {
14.                 shelf_data = new
15.                 {
16.                     module_infos = controls
17.                 },
18.                 shelf_banner = shelfBanner,
19.                 shelf_name = shelfName
20.             };
21.             string postData = data.ToJson();
22.             return JsonHelper<AddShelfResult>.ConvertJson(url, postData);
23.         }
24.         /// <summary>
25.         /// 删除货架
26.         /// </summary>
27.         /// <param name="accessToken">调用接口凭证</param>
28.         /// <param name="shelfId">货架 Id</param>
29.         /// <returns></returns>
30.         public CommonResult DeleteShelf(string accessToken, int shelfId)
31.         {
32.             var url = string.Format("https://api.weixin.qq.com/merchant/shelf/del?access_token={0}", accessToken);
33.             var data = new
34.             {
35.                 shelf_id = shelfId
36.             };
37.             string postData = data.ToJson();
```

## 第 6 章 微信小店

```
38.                return Helper.GetExecuteResult(url, postData);
39.            }
40.        /// <summary>
41.        /// 修改货架
42.        /// </summary>
43.        /// <param name="accessToken">调用接口凭证</param>
44.        /// <param name="shelfId">货架 Id</param>
45.        /// <param name="shelfBanner">货架招牌图片 Url</param>
46.        /// <param name="shelfName">货架名称</param>
47.        /// <param name="controls">货架控件 1,2,3,4,5 类型的集合</param>
48.        /// <returns></returns>
49.        public CommonResult UpdateShelf(string accessToken, int shelfId, string shelfBanner, string shelfName, List<ShelfControlBase> controls)
50.        {
51.            var url = string.Format("https://api.weixin.qq.com/merchant/shelf/mod?access_token={0}", accessToken);
52.            var data = new
53.            {
54.                shelf_id = shelfId,
55.                shelf_data = new
56.                {
57.                    module_infos = controls
58.                },
59.                shelf_banner = shelfBanner,
60.                shelf_name = shelfName
61.            };
62.            string postData = data.ToJson();
63.            return Helper.GetExecuteResult(url, postData);
64.        }
```

**4．货架管理接口测试**

由于货架管理的对象和接口定义比较复杂，一定要进行反复测试才能正式使用，如果不注意，有可能定义的实体类就获取不到某个字段信息。下面创建了一个 Winform 项目，对其中的货架管理内容的接口进行测试，Winform 项目界面如图 6-18 所示，测试结果如图 6-19 所示。

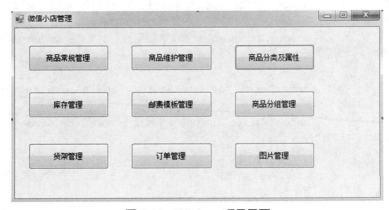

图 6-18　Winform 项目界面

测试代码如下:

```
1.        private void btnShelf_Click(object sender, EventArgs e)
2.        {
3.            IMerchantApi api = new MerchantApi();
4.            List<ShelfJson> list = api.GetAllShelf(token);
5.            Console.WriteLine(list.ToJson());
6.            foreach(ShelfJson json in list)
7.            {
8.                Console.WriteLine("货架信息：");
9.                ShelfJson getJson = api.GetShelfById(token, json.shelf_id.Value);
10.               Console.WriteLine(getJson.ToJson());
11.           }
12.
13.           string shelf_banner = "http://mmbiz.qpic.cn/mmbiz/mLqH9gr11Gyb2sgiaelcsxYtQENGePp0RgeNlAQicfZQokjbJMUq4h8MHtjpekJNEWKuMN3gdRz5RxfkYb7NlIrw/0";
14.           string shelf_name = "测试货架";
15.           ShelfControl1 c11 = new ShelfControl1(6, 202797386);
16.           ShelfControl1 c12 = new ShelfControl1(4, 202797397);
17.           List<ShelfControlBase> controlList = new List<ShelfControlBase>(){c11, c12};
18.           AddShelfResult result = api.AddShelf(token, shelf_banner, shelf_name, controlList);
19.           if (result != null && result.shelf_id > 0)
20.           {
21.               Console.WriteLine("增加的货架信息：");
22.               ShelfJson getJson = api.GetShelfById(token, result.shelf_id);
23.               Console.WriteLine(getJson.ToJson());
24.
25.               shelf_name = "测试货架-修改";
26.               controlList = new List<ShelfControlBase>(){c11};
27.               CommonResult updateReuslt = api.UpdateShelf(token, result.shelf_id, shelf_banner, shelf_name, controlList);
28.               Console.WriteLine("修改货架操作：{0}", updateReuslt.Success ? "成功" : "失败");
29.
30.               CommonResult deleteResult = api.DeleteShelf(token, result.shelf_id);
31.               Console.WriteLine("删除货架操作：{0}", deleteResult.Success ? "成功" : "失败");
32.           }
33.       }
```

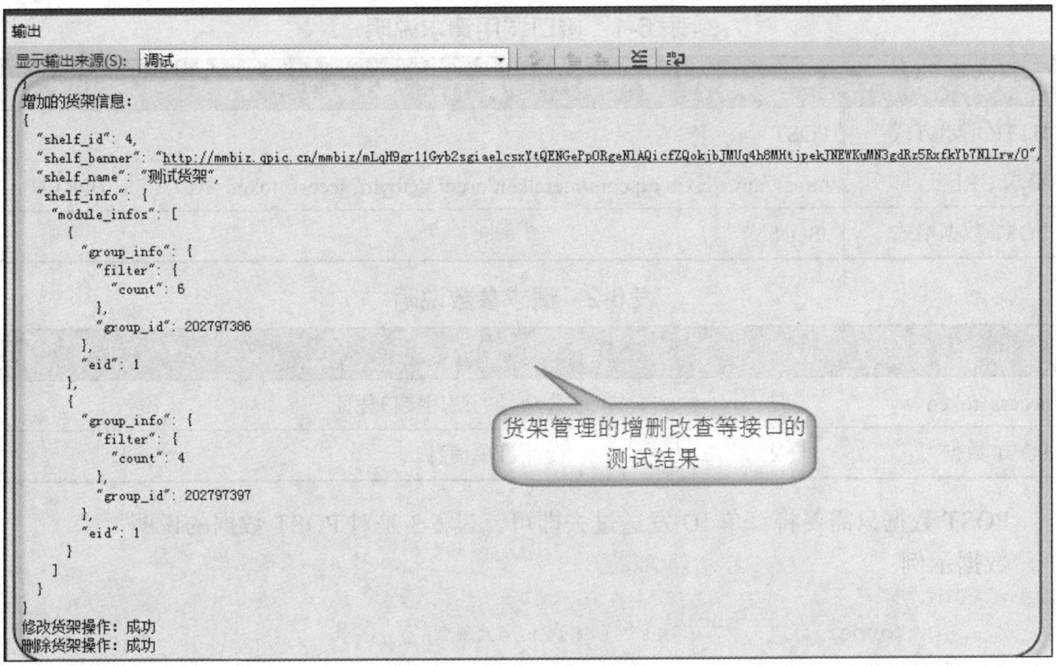

第 ❻ 章　微信小店

图 6-19　测试结果

## 6.1.5　订单管理

开发者可按订单状态和时间来获取订单，并按照订单进行发货。

### 1. 订单付款通知

用户在微信中付款成功后，微信服务器会将订单付款通知推送到开发者在公众平台网站中设置的回调 URL（在开发模式中设置）中，如果未设置回调 URL，则获取不到该事件推送。

事件推送的内容如下：

```
1.  <xml>
2.  <ToUserName><![CDATA[weixin_media1]]></ToUserName>
3.  <FromUserName><![CDATA[oDF3iYyVlek46AyTBbMRVV8VZVlI]]></FromUserName>
4.  <CreateTime>1398144192</CreateTime>
5.  <MsgType><![CDATA[event]]></MsgType>
6.  <Event><![CDATA[merchant_order]]></Event>
7.  <OrderId><![CDATA[test_order_id]]></OrderId>
8.  <OrderStatus>2</OrderStatus>
9.  <ProductId><![CDATA[test_product_id]]></ProductId>
10. <SkuInfo><![CDATA[10001:1000012;10002:100021]]></SkuInfo>
11. </xml>
```

### 2. 根据订单 ID 获取订单详情

商家可通过订单 ID 的 API 接口来获取订单详情，表 6-1 和表 6-2 分别是接口调用请求说明和请求参数说明。

表 6-1　接口调用请求说明

| 协　议 | HTTPS |
|---|---|
| HTTP 请求方式 | POST |
| 请求 URL | https://api.weixin.qq.com/merchant/order/getbyid?access_token=ACCESS_TOKEN |
| POST 数据格式 | JSON |

表 6-2　请求参数说明

| 参　数 | 是否必须 | 说　明 |
|---|---|---|
| access_token | 是 | 公众号的调用接口凭证 |
| POST 数据 | 是 | 商品订单信息 |

POST 数据只需要将订单 ID 发送过去即可，表 6-3 是对 POST 数据的说明。
数据示例：

```
1.  {
2.      "order_id": "7197417460812584720"
3.  }
```

表 6-3　POST 数据说明

| 字　段 | 说　明 |
|---|---|
| order_id | 订单 ID |

POST 返回的数据是订单的详情，表 6-4 是对返回数据的说明。
数据示例：

```
1.  {
2.      "errcode": 0,
3.      "errmsg": "success",
4.      "order": {
5.          "order_id": "7197417460812533543",
6.          "order_status": 6,
7.          "order_total_price": 6,
8.          "order_create_time": 1394635817,
9.          "order_express_price": 5,
10.         "buyer_openid": "oDF3iY17NsDAW4UP2qzJXPsz1S9Q",
11.         "buyer_nick": "likeacat",
12.         "receiver_name": "张小猫",
13.         "receiver_province": "广东省",
14.         "receiver_city": "广州市",
15.         "receiver_zone": "天河区",
16.         "receiver_address": "华景路一号南方通信大厦 5 楼",
17.         "receiver_mobile": "123456789",
18.         "receiver_phone": "123456789",
19.         "product_id": "pDF3iYx7KDQVGzB7kDg6Tge5OKFo",
20.         "product_name": "安莉芳 E-BRA 专柜女士舒适内衣",
21.         "product_price": 1,
```

```
22.         "product_sku": "10000983:10000995;10001007:10001010",
23.         "product_count": 1,
24.         "product_img": "http://img2.paipaiimg.com/00000000/item-52B87243-
    63CCF66C00000000040100003565C1EA.0.300x300.jpg",
25.         "delivery_id": "1900659372473",
26.         "delivery_company": "059Yunda",
27.         "trans_id": "1900000109201404103172199813"
28.     }
29. }
```

表 6-4　返回数据说明

| 字　　段 | | 说　　明 |
| --- | --- | --- |
| errcode | | 错误码 |
| errmsg | | 错误信息 |
| order | | 订单详情 |
| | order_id | 订单 ID |
| | order_status | 订单状态 |
| | order_total_price | 订单总价格（单位：分） |
| | order_create_time | 订单创建时间 |
| | order_express_price | 订单运费价格（单位：分） |
| | buyer_openid | 买家微信 OpenID |
| | buyer_nick | 买家微信昵称 |
| | receiver_name | 收货人姓名 |
| | receiver_province | 收货地址省份 |
| | receiver_city | 收货地址城市 |
| | receiver_zone | 收货地址区/县 |
| | receiver_address | 收货详细地址 |
| | receiver_mobile | 收货人移动电话 |
| | receiver_phone | 收货人固定电话 |
| | product_id | 商品 ID |
| | product_name | 商品名称 |
| | product_price | 商品价格（单位：分） |
| | product_sku | 商品 SKU |
| | product_count | 商品个数 |
| | product_img | 商品图片 |
| | delivery_id | 运单 ID |
| | delivery_company | 物流公司编码 |
| | trans_id | 交易 ID |

### 3. 根据订单状态/创建时间获取订单详情

商家可通过订单状态/创建时间的 API 接口来获取订单详情，表 6-5 和表 6-6 分别是接口调用请求说明和请求参数说明。

表 6-5　接口调用请求说明

| 协议 | HTTPS |
|---|---|
| HTTP 请求方式 | GET |
| 请求 URL | https://api.weixin.qq.com/merchant/order/getbyfilter?access_token=ACCESS_TOKEN |
| POST 数据格式 | JSON |

表 6-6　请求参数说明

| 参数 | 是否必须 | 说明 |
|---|---|---|
| access_token | 是 | 公众号的调用接口凭证 |

POST 数据需要将订单的状态、开始时间和结束时间发送过去，表 6-7 是对 POST 数据的说明。

数据示例：

```
1.  {
2.    "status": 2,
3.    "begintime": 1397130460,
4.    "endtime": 1397130470
5.  }
```

表 6-7　POST 数据说明

| 字段 | 说明 |
|---|---|
| status | 订单状态（不带该字段-全部状态，2-待发货，3-已发货，5-已完成，8-维权中） |
| begintime | 订单创建的起始时间（不带该字段则不按照时间做筛选） |
| endtime | 订单创建的终止时间（不带该字段则不按照时间做筛选） |

POST 返回的数据是订单的详情，和根据订单 ID 获取订单详情不同的是，它返回的是一个订单列表，所以返回数据中的"order_list"是一个订单的集合而不是一个订单。表 6-8 是对返回数据的说明。

表 6-8　返回数据说明

| 字段 | 说明 |
|---|---|
| errcode | 错误码 |
| errmsg | 错误信息 |
| order_list | 所有订单集合（字段说明详见根据订单 ID 获取订单详情） |

### 4. 设置订单发货信息

商家可通过设置订单发货信息的 API 接口来设置订单发货信息，表 6-9 和表 6-10 分别是接口调用请求说明和请求参数说明。

表 6-9　接口调用请求说明

| 协　　议 | HTTPS |
|---|---|
| HTTP 请求方式 | POST |
| 请求 URL | https://api.weixin.qq.com/merchant/order/setdelivery?access_token=ACCESS_TOKEN |
| POST 数据格式 | JSON |

表 6-10　请求参数说明

| 参　　数 | 是否必须 | 说　　明 |
|---|---|---|
| access_token | 是 | 公众号的调用接口凭证 |
| POST 数据 | 是 | 商品物流信息 |

数据示例：

```
1.  {
2.      "order_id": "7197417460812533543",
3.      "delivery_company": "059Yunda",
4.      "delivery_track_no": "1900659372473",
5.      "need_delivery": 1,
6.      "is_others": 0
7.  }
```

POST 数据说明如表 6-11 所示。

表 6-11　POST 数据说明

| 字　　段 | 说　　明 |
|---|---|
| order_id | 订单 ID |
| delivery_company | 物流公司 ID（参考《物流公司 ID》；当 need_delivery 为 0 时，可不填本字段；当 need_delivery 为 1 时，该字段不能为空；当 need_delivery 为 1 且 is_others 为 1 时，本字段填写其他物流公司名称） |
| delivery_track_no | 运单 ID（当 need_delivery 为 0 时，可不填本字段；当 need_delivery 为 1 时，该字段不能为空） |
| need_delivery | 商品是否需要物流（0-不需要，1-需要，无该字段默认为需要物流） |
| is_others | 是否为表 6-12 之外的其他物流公司（0-否，1-是，无该字段默认为不是其他物流公司） |

物流公司 ID 如表 6-12 所示。

表 6-12  物流公司 ID

| 物流公司 | ID | 物流公司 | ID |
|---|---|---|---|
| 邮政 EMS | Fsearch_code | 顺丰速运 | 003shunfeng |
| 申通快递 | 002shentong | 韵达快运 | 059Yunda |
| 中通速递 | 066zhongtong | 宅急送 | 064zhaijisong |
| 圆通速递 | 056yuantong | 汇通快运 | 020huitong |
| 天天快递 | 042tiantian | 易迅快递 | zj001yixun |

### 5. 关闭订单

商家可通过关闭订单的 API 接口来关闭订单，表 6-13 和表 6-14 分别是接口调用请求说明和请求参数说明。

表 6-13  接口调用请求说明

| 协议 | HTTPS |
|---|---|
| HTTP 请求方式 | POST |
| 请求 URL | https://api.weixin.qq.com/merchant/order/close?access_token=ACCESS_TOKEN |
| POST 数据格式 | JSON |

表 6-14  请求参数说明

| 参数 | 是否必须 | 说明 |
|---|---|---|
| access_token | 是 | 公众号的调用接口凭证 |
| POST 数据 | 是 | 商品订单信息 |

POST 数据只需要将订单 ID 发送过去即可，表 6-15 是对 POST 数据的说明。

数据示例：
```
1.  {
2.      "order_id": "7197417460812584720"
3.  }
```

表 6-15  POST 数据说明

| 字段 | 说明 |
|---|---|
| order_id | 订单 ID |

返回的数据是订单是否正常关闭，表 6-16 是对返回数据的说明。

数据示例：
```
1.  {
2.      "errcode": 0,
3.      "errmsg": "success"
4.  }
```

## 第 6 章 微信小店

表 6-16 返回数据参数说明

| 字 段 | 说 明 |
|---|---|
| errcode | 错误码 |
| errmsg | 错误信息 |

### 6.1.6 运费模板管理

**1. 增加邮费模板**

商家可通过设置订单发货信息的 API 接口来增加邮费模板信息，表 6-17、表 6-18 和表 6-19 分别是接口调用请求说明、请求参数说明和 POST 数据说明。

表 6-17 接口调用请求说明

| 协 议 | HTTPS |
|---|---|
| HTTP 请求方式 | POST |
| 请求 URL | https://api.weixin.qq.com/merchant/express/add?access_token=ACCESS_TOKEN |
| POST 数据格式 | JSON |

表 6-18 请求参数说明

| 参 数 | 是否必须 | 说 明 |
|---|---|---|
| access_token | 是 | 公众号的调用接口凭证 |
| POST 数据 | 是 | 邮费信息 |

表 6-19 POST 数据说明

| 字 段 | | | 说 明 |
|---|---|---|---|
| Name | | | 邮费模板名称 |
| Assumer | | | 支付方式（0-买家承担运费，1-卖家承担运费） |
| Valuation | | | 计费单位（0-按件计费，1-按重量计费，2-按体积计费，目前只支持按件计费，默认为 0） |
| TopFee | | | 具体运费计算 |
| | Type | | 快递类型 ID（参见增加商品/快递列表） |
| | Normal | | 默认邮费计算方法 |
| | | StartStandards | 起始计费数量（比如计费单位是按件，填 2 代表起始计费为两件） |
| | | StartFees | 起始计费金额（单位：分） |
| | | AddStandards | 递增计费数量 |
| | | AddFees | 递增计费金额（单位：分） |

续表

| 字 | 段 | | 说 明 |
|---|---|---|---|
| TopFee | Custom | | 指定地区邮费计算方法 |
| | | StartStandards | 起始计费数量 |
| | | StartFees | 起始计费金额（单位：分） |
| | | AddStandards | 递增计费数量 |
| | | AddFees | 递增计费金额（单位：分） |
| | | DestCountry | 指定国家（详见《地区列表》说明） |
| | | DestProvince | 指定省份（详见《地区列表》说明） |
| | | DestCity | 指定城市（详见《地区列表》说明） |

例子解析：Type 为 10000027 的默认邮费计算，第 1 件邮费 2 分，每增加 3 件邮费增加 3 分；Type 为 10000027 的指定地区邮费计算，寄送到中国/广东省/广州市的商品，第 1 件邮费 1 元，每增加一件邮费增加 3 分。

返回数据示例：

```
1. {
2.     "errcode": 0,
3.     "errmsg": "success",
4.     "template_id": 123456
5. }
```

POST 返回的数据是模板的错误码，表 6-20 是对返回数据的说明。

表 6-20  返回数据说明

| 字 段 | 说 明 |
|---|---|
| errcode | 错误码 |
| errmsg | 错误信息 |
| template_id | 邮费模板 ID |

### 2. 删除邮费模板

商家可通过设置订单发货信息的 API 接口来删除邮费模板信息，表 6-21、表 6-22 和表 6-23 分别是接口调用请求说明、请求参数说明和 POST 数据说明。

表 6-21  接口调用请求说明

| 协 议 | HTTPS |
|---|---|
| HTTP 请求方式 | POST |
| 请求 URL | https://api.weixin.qq.com/merchant/express/del?access_token=ACCESS_TOKEN |
| POST 数据格式 | JSON |

## 第 6 章 微信小店

表 6-22 请求参数说明

| 参　　数 | 是否必须 | 说　　明 |
|---|---|---|
| access_token | 是 | 公众号的调用接口凭证 |
| POST 数据 | 是 | 邮费信息 |

POST 数据示例:
```
1.  {
2.      "template_id": 123456
3.  }
```

表 6-23 POST 数据说明

| 字　　段 | 说　　明 |
|---|---|
| template_id | 邮费模板 ID |

返回数据示例:
```
1.  {
2.      "errcode": 0,
3.  "errmsg": "success"
4.  }
```
POST 返回的数据是删除模板的错误码,表 6-24 是对返回数据的说明。

表 6-24 返回数据说明

| 字　　段 | 说　　明 |
|---|---|
| errcode | 错误码 |
| errmsg | 错误信息 |

### 3. 修改邮费模板

商家可通过设置订单发货信息的 API 接口来修改邮费模板信息,表 6-25、表 6-26 和表 6-27 分别是接口调用请求说明、请求参数说明和 POST 数据说明。

表 6-25 接口调用请求说明

| 协　　议 | HTTPS |
|---|---|
| HTTP 请求方式 | POST |
| 请求 URL | https://api.weixin.qq.com/merchant/express/update?access_token=ACCESS_TOKEN |
| POST 数据格式 | JSON |

表 6-26 请求参数说明

| 参　　数 | 是否必须 | 说　　明 |
|---|---|---|
| access_token | 是 | 公众号的调用接口凭证 |
| POST 数据 | 是 | 邮费信息 |

POST 数据示例：
```
1.  {
2.      "template_id": 123456,
3.      "delivery_template": ...
4.  }
```

表 6-27　POST 数据说明

| 字　段 | 说　明 |
| --- | --- |
| template_id | 邮费模板 ID |
| delivery_template | 邮费模板信息（字段说明详见增加邮费模板） |

返回数据示例：
```
1.  {
2.      "errcode": 0,
3.      "errmsg": "success"
4.  }
```

POST 返回的数据是修改模板的错误码，表 6-28 是对返回数据的说明。

表 6-28　返回数据说明

| 字　段 | 说　明 |
| --- | --- |
| errcode | 错误码 |
| errmsg | 错误信息 |

### 4. 获取指定 ID 的邮费模板

商家可通过设置订单发货信息的 API 接口来获取指定 ID 的邮费模板信息，表 6-29、表 6-30 和表 6-31 分别是接口调用请求说明、请求参数说明和 POST 数据说明。

表 6-29　接口调用请求说明

| 协　议 | HTTPS |
| --- | --- |
| HTTP 请求方式 | POST |
| 请求 URL | https://api.weixin.qq.com/merchant/express/getbyid?access_token=ACCESS_TOKEN |
| POST 数据格式 | JSON |

表 6-30　请求参数说明

| 参　数 | 是否必须 | 说　明 |
| --- | --- | --- |
| access_token | 是 | 公众号的调用接口凭证 |
| POST 数据 | 是 | 邮费信息 |

POST 数据示例：
```
1.  {
2.      "template_id": 123456
3.  }
```

表 6-31　POST 数据说明

| 字　　段 | 说　　明 |
|---|---|
| template_id | 邮费模板 ID |

POST 返回的数据是获取指定 ID 模板的错误码，表 6-32 是对返回数据的说明。

表 6-32　返回数据说明

| 字　　段 | 说　　明 |
|---|---|
| errcode | 错误码 |
| errmsg | 错误信息 |
| template_info | 邮费模板信息（字段说明详见增加邮费模板） |

### 5. 获取所有邮费模板

商家可通过设置订单发货信息的 API 接口来获取所有邮费模板信息，表 6-33 和表 6-34 分别是接口调用请求说明和请求参数说明。

表 6-33　接口调用请求说明

| 协　　议 | HTTPS |
|---|---|
| HTTP 请求方式 | GET |
| 请求 URL | https://api.weixin.qq.com/merchant/express/getall?access_token=ACCESS_TOKEN |

表 6-34　请求参数说明

| 参　　数 | 是否必须 | 说　　明 |
|---|---|---|
| access_token | 是 | 公众号的调用接口凭证 |

返回数据示例：

```
1.  {
2.    "errcode": 0,
3.    "errmsg": "success",
4.    "templates_info": [
5.      {
6.        "Id": 103312916,
7.        "Name": "testexpress1",
8.        "Assumer": 0,
9.        "Valuation": 0,
10.       "TopFee": [...],
11.     },
12.     {
13.       "Id": 103312917,
14.       "Name": "testexpress2",
15.       "Assumer": 0,
16.       "Valuation": 2,
17.       "TopFee": [...],
```

```
18.         },
19.         {
20.             "Id": 103312918,
21.             "Name": "testexpress3",
22.             "Assumer": 0,
23.             "Valuation": 1,
24.             "TopFee": [...],
25.         }
26.     ]
27. }
```

POST 返回的数据是获取所有邮费模板的错误码，表 6-35 是对返回数据的说明。

表 6-35  返回数据说明

| 字 段 | 说 明 |
| --- | --- |
| errcode | 错误码 |
| errmsg | 错误信息 |
| templates_info | 所有邮费模板集合（字段说明详见增加邮费模板）|

## 6.1.7  图片库

图片库主要用于上传图片，商家可通过设置订单发货信息的 API 接口来上传图片，表 6-36 和表 6-37 分别是接口调用请求说明和请求参数说明。

表 6-36  接口调用请求说明

| 协 议 | HTTPS |
| --- | --- |
| HTTP 请求方式 | POST |
| 请求 URL | https://api.weixin.qq.com/merchant/common/upload_img?access_token=ACCESS_TOKEN&filename=test.png |
| POST 数据 | 图片 |

表 6-37  请求参数说明

| 参 数 | 是否必须 | 说 明 |
| --- | --- | --- |
| access_token | 是 | 调用接口凭证 |
| filename | 是 | 图片文件名（带文件类型扩展名）|
| POST 数据 | 是 | 图片数据 |

返回数据示例：

```
1. {
2.     "errcode":0,
3. "errmsg":"success",
4. "image_url":   "http://mmbiz.qpic.cn/mmbiz/4whpV1VZl2ibl4JWwwnW3ic
   SJGqecVtRiaPxwWEIr99eYYL6AAAp1YBo12CpQTXFH6InyQWXITLvU4CU7kic4PcoXA/0"
5. }
```

# 第6章 微信小店

POST 返回的数据是上传图片的错误码，表 6-38 是对返回数据的说明。

表 6-38  返回数据说明

| 字　　段 | 说　　明 |
| --- | --- |
| errcode | 错误码 |
| errmsg | 错误信息 |
| image_url | 图片 URL |

## 6.2　自定义开发

对于微信小店的自定义开发，开发者可以通过开发接口来实现更灵活地运营微信小店，6.1 节已经介绍了一些自定义开发的接口。

### 6.2.1　微信小店 SDK

微信 JS-SDK 是微信公众平台面向网页开发者提供的基于微信内的网页开发工具包。通过使用微信 JS-SDK，网页开发者可高效地使用拍照、选图、语音、位置等手机系统的功能，同时还可以直接使用微信分享、扫一扫、卡券、支付等微信特有的功能，为微信用户提供更优质的网页体验。

**1. 绑定域名**

登录微信公众平台，进入"公众号设置"的"功能设置"界面，从中填写"JS 接口安全域名"。需要注意的是，登录后才能在"开发者中心"查看对应的接口权限。

**2. 引入 JS 文件**

在需要调用 JS 接口的页面引入如下 JS 文件（支持 HTTPS）：

http://res.wx.qq.com/open/js/jweixin-1.0.0.js

请注意，如果页面启用了 HTTPS，务必引入 https://res.wx.qq.com/open/js/jweixin-1.0.0.js，否则将无法在 iOS 9.0 以上系统中成功使用 JS-SDK。如需使用摇一摇周边功能，请引入 jweixin-1.1.0.js。

**3. 通过 config 接口注入权限验证配置**

所有需要使用 JS-SDK 的页面必须先注入配置信息，否则将无法调用（同一个 URL 仅需调用一次，对于变化 URL 的 SPA 的 Web APP，可在每次 URL 变化时进行调用，目前 Android 微信客户端不支持 pushState 的 H5 新特性，所以使用 pushState 来实现 Web APP 的页面会导致签名失败，此问题会在 Android 6.2 中修复）。

```
1.  wx.config({
2.      debug: true,    // 开启调试模式,调用的所有 API 的返回值会在客户端提醒,
    //若要查看传入的参数,可以在 PC 端打开,参数信息会通过 LOG 打出,仅在 PC 端时才会打印
3.      appId: '',      // 必填,公众号的唯一标识
4.      timestamp: ,    // 必填,生成签名的时间戳
5.      nonceStr: '',   // 必填,生成签名的随机串
```

```
6.         signature: '',    // 必填，签名，见附录
7.         jsApiList: []     // 必填，需要使用的JS接口列表
8.     });
```

#### 4. 通过 ready 接口处理成功验证

```
1.  wx.ready(function(){
2.      // config信息验证后会执行ready方法，所有接口调用都必须在config接口获得结
        //果之后。config是一个客户端的异步操作，如果需要在页面加载时就调用相关接口，则须
        //把相关接口放在ready函数中调用来确保正确执行。对于用户触发时才调用的接口，则可
        //以直接调用，不需要放在ready函数中
3.  });
```

#### 5. 通过 error 接口处理失败验证

```
1.  wx.error(function(res){
2.
3.      // config信息验证失败会执行error函数，如签名过期导致验证失败，具体错误信息
        //可以打开config的debug模式查看，也可以在返回的res参数中查看，对于SPA，可以
        //在这里更新签名
4.  });
```

所有接口都通过 wx 对象（也可使用 jWeixin 对象）来调用，参数是一个对象，除了每个接口本身需要传的参数之外，还有以下通用函数。

- success：接口调用成功时执行的回调函数。
- fail：接口调用失败时执行的回调函数。
- complete：接口调用完成时执行的回调函数，无论成功或失败都会执行。
- cancel：用户单击取消时的回调函数，仅部分有用户取消操作的 API 才会用到。
- trigger：监听 Menu 中的按钮单击时触发的方法，该方法仅支持 Menu 中的相关接口。

以上几个函数都带有一个参数，类型为对象，其中除了每个接口本身返回的数据之外，还有一个通用属性 errMsg，其值的格式如下。

调用成功时："xxx:ok"，其中 xxx 为调用的接口名。

用户取消时："xxx:cancel"，其中 xxx 为调用的接口名。

调用失败时：其值为具体错误信息。

### 6.2.2 支付成功通知

本节将介绍如何使用 JS API 支付接口完成微信支付。

#### 1. JS API 支付接口（getBrandWCPayRequest）

微信 JS API 只能在微信内置浏览器中使用，其他浏览器调用无效。微信提供 getBrandWCPayRequest 接口供商户前端网页调用。调用之前，微信会鉴定商户支付权限，若商户具有调用支付的权限，则将开始支付流程。这里主要介绍支付前的接口调用规则，支付状态消息通知机制请参考下文。对于接口需要注意，所有传入参数都是字符串类型。

getBrandWCPayRequest 参数如表 6-39 所示，返回值如表 6-40 所示。

表 6-39　getBrandWCPayRequest 参数

| 参数 | 名称 | 必填 | 格式 | 说明 |
|---|---|---|---|---|
| appId | 公众号 ID | 是 | 字符串类型 | 商户注册具有支付权限的公众号成功后即可获得 |
| timeStamp | 时间戳 | 是 | 字符串类型，32 个字节以下 | 商户生成，从 1970 年 1 月 1 日 00:00:00 至今的秒数，即当前的时间，且最终需要转换为字符串形式 |
| nonceStr | 随机字符串 | 是 | 字符串类型，32 个字节以下 | 商户生成的随机字符串 |
| package | 订单详情扩展字符串 | 是 | 字符串类型，4 096 个字节以下 | 商户将订单信息组成该字符串，具体组成方案参见接口使用说明中 package 组包帮助；由商户按照规范拼接后传入 |
| signType | 签名方式 | 是 | 字符串类型，参数取值"SHA1" | 按照文档中所示填入，目前仅支持 SHA1 |
| paySign | 签名 | 是 | 字符串类型 | 商户将接口列表中的参数按照指定方式进行签名，签名方式使用 signType 中标示的签名方式，具体签名方案参见接口使用说明中的签名帮助；由商户按照规范签名后传入 |

表 6-40　getBrandWCPayRequest 返回值

| 返回值 | 说明 |
|---|---|
| err_msg | get_brand_wcpay_request:ok：支付成功<br>get_brand_wcpay_request:cancel：支付过程中用户取消<br>get_brand_wcpay_request:fail：支付失败 |

JS API 的返回结果 get_brand_wcpay_request:ok 仅在用户成功完成支付时返回。由于前端交互复杂，get_brand_wcpay_request:cancel 或者 get_brand_wcpay_request:fail 可以统一处理为用户遇到错误或者主动放弃。

### 2. JS API 支付实现

要实现 JS API 支付，首先调用微信统一支付接口，成功后返回一个预支付的回话标识（prepay_id），这个标识的有效期是 2 h，然后使用这个预支付标识调用微信内置浏览器的 WeixinJSBridge 对象，完成支付。

代码部分如下。

（1）请求预支付标识部分。

```
1.  Dictionary<string, string> param = new Dictionary<string, string>();
2.  //appid
3.  param.Add("appid", appid);
4.  //商户号
5.  param.Add("mch_id", mch_id);
6.  //支付类型
```

```
7.    param.Add("trade_type", "JSAPI");
8.    //随机字符串
9.    param.Add("nonce_str", WeiXinPayUtil.GetNoncestr());
10.   //商品描述
11.   param.Add("body", request.Body);
12.   //商品详情
13.   param.Add("detail", request.Detail);
14.   //回调地址
15.   param.Add("notify_url","");
16.   //商户订单号
17.   param.Add("out_trade_no", "");
18.   //支付金额
19.   param.Add("total_fee", (payfee * 100).ToString("#"));
20.   //终端IP
21.   param.Add("spbill_create_ip", "");
22.   //Openid
23.   param.Add("openid", "");
24.   //签名
25.   param.Add("sign", WeiXinMD5Util.Sign(WeixinTradeConfig.FormatBiz
      QueryParaMapForUnifiedPay(dict),
26.   WeixinTradeConfig.key));
27.   string postData = WeixinTradeXmlDocument.DictionaryToXmlString(dict);
28.   //获取统一支付接口的数据
29.   var result = WeiXinRequestPlus.PostXmlResponse<GetTradeWeiXinPay
      Result>(WeixinTradeConfig.
30.   WeiXin_Pay_UnifiedPrePayUrl,postData);
31.   //准备返回的数据
32.   Dictionary<string, string> requestdict = new Dictionary<string, string>();
33.   requestdict.Add("appId", "appid");
34.   requestdict.Add("package", string.Format("prepay_id={0}", result.Prepay_Id));
35.   //时间戳
36.   requestdict.Add("timeStamp", WeiXinPayUtil.GetTimestamp());
37.   //随机值
38.   requestdict.Add("nonceStr", WeiXinPayUtil.GetNoncestr());
39.   requestdict.Add("signType", "MD5");
40.   TradeWeiXinPayModule weixmodule = new TradeWeiXinPayModule()
41.   {
42.       PayMethod = TradePayMethods.WeixinPay,
43.       Prepayid = result.Prepay_Id,
44.       Appid = WeixinTradeConfig.appid,
45.       NonceStr = requestdict["nonceStr"],
46.       TimeStamp = requestdict["timeStamp"],
47.       SerialID = request.SerialIDString,
48.       PaySign = WeiXinMD5Util.Sign(WeixinTradeConfig.FormatBizQuery
      ParaMapForUnifiedPay(requestdict),
49.       WeixinTradeConfig.key)
50.   };
```

（2）收集步骤（1）返回的参数，生成一段JS，并在微信中打开。

```
1.    <script>
2.         function onBridgeReady() {
3.             WeixinJSBridge.invoke(
4.         'getBrandWCPayRequest', {
```

# 第6章 微信小店

```
5.              "appId": "@Model.Appid",  //公众号名称，由商户传入
6.              "timeStamp": "@Model.Timestamp",  //时间戳
7.              "nonceStr": "@Model.Noncestr",  //随机串
8.              "package": "@Model.Prepayid",  //扩展包
9.              "signType": "MD5",  //微信签名算法：MD5
10.             "paySign": "@Model.Paysign"  //微信签名
11.         },
12.         function (res) {
13.             if (res.err_msg == "get_brand_wcpay_request:ok") {
14.                 window.location.href = "";
15.             } else {
16.                 if(confrim("您并未支付成功，是否继续付款？"){
17.                     window.location.reload();
18.                 }else{
19.                     //用户不想付款了，跳走
20.                 }
21.             }
22.         }
23.     );
24.     }
25.     if (typeof WeixinJSBridge == "undefined") {
26.         if (document.addEventListener) {
27.             document.addEventListener('WeixinJSBridgeReady',
28.                 onBridgeReady, false);
29.         } else if (document.attachEvent) {
30.             document.attachEvent('WeixinJSBridgeReady',
31.                 onBridgeReady);
32.             document.attachEvent('onWeixinJSBridgeReady',
33.                 onBridgeReady);
34.         }
35.     } else {
36.         onBridgeReady();
37.     }
38.     </script>
```

JS API 支持界面如图 6-20 所示。

图 6-20　JS API 支付界面

## 6.3 小店实例

在企业电子商务方面,微信小店虽然较淘宝等起步较晚,但是作为一个电商平台,其影响力不容忽视。结合微信的特点和便利,微信小店具有很好的黏合性和广泛的用户基础。本节将对微信小店做一个实例介绍。

### 6.3.1 订单创建

在调用微信公众号支付之前,首先要把订单创建好。比如一个充值的订单,主要是先确定金额,再进行下一步操作。

```
1.    public JsonResult CreateRecharegOrder(decimal money)
2.    {
3.        if (money < (decimal)0.01) return Json(new PaymentResult("充值金额非法!"));
4.        var user = _workContext.CurrentUser;
5.        var order = _paymentService.CreateRechargeOrder(user.Id, money);
6.        return Json(new PaymentResult(true) {OrderId = order.OrderNumber});
7.    }
```

订单创建成功之后,页面跳转到支付页面,这时就要按照官方的流程去获取 prepay_id 和 paySign,微信的 demo 中提供了一个 jsApiPay 的对象,但这个对象需要一个 page 对象初始化。

```
1.    [LoginValid]
2.        public ActionResult H5Pay(string orderNumber)
3.        {
4.            var user = _workContext.CurrentUser;
5.            var order = _paymentService.GetOrderByOrderNumber(orderNumber);
6.            //判断订单是否存在
7.            //订单是否已经支付了
8.            var openid = user.OpenId;
9.            var jsApipay = new JsApiPayMvc(this.ControllerContext.HttpContext);
10.           jsApipay.openid = openid;
11.           jsApipay.total_fee = (int)order.Amount * 100;
12.           WxPayData unifiedOrderResult = jsApipay.GetUnifiedOrderResult();
13.           ViewBag.wxJsApiParam = jsApipay.GetJsApiParameters();
                                                //获取 H5 调起 JS API 参数
14.           ViewBag.unifiedOrder = unifiedOrderResult.ToPrintStr();
15.           ViewBag.OrderNumber = order.OrderNumber;
16.           return View();
17.       }
```

在 MVC 中把 page 对象换成 httpContext 即可,然后直接调用其中的方法。

### 6.3.2 订单查询

因为某一方技术的原因,可能导致商户在预期时间内都收不到最终支付通知,此时商户可以通过该 API 来查询订单的详细支付状态。

订单查询 API 的 URL 如下。

https://api.weixin.qq.com/pay/orderquery?access_token=xxxxxx

URL 中的参数只包含目前的微信公众平台凭证 access_token,而订单查询的真正数据

## 第 6 章 微信小店

是放在 PostData 中的，格式如下：

```
1.  {
2.      "appid" : "wwwwb4f85f3a797777",
3.      "package" : "out_trade_no=11122&partner=1900090055&sign=4e8d0df3da0c3d0df38f",
4.      "timestamp" : "1369745073",
5.      "app_signature" : "53cca9d47b883bd4a5c85a9300df3da0cb48565c",
6.      "sign_method" : "sha1"
7.  }
```

上述内容参数说明如表 6-41 所示。

表 6-41　数据参数说明

| 参　　数 | 说　　明 |
| --- | --- |
| appid | 公众平台账户的 AppId |
| package | 查询订单的关键信息数据，包含第三方唯一订单号 out_trade_no、财付通商户身份标识 partner（即前文所述的 partnerid）、签名 sign，其中，sign 是按参数字典序排列并使用&联合起来，最后加上&key=partnerkey（唯一分配），进行 MD5 运算，再转成全大写而最终得到的 |
| timestamp | Linux 时间戳 |
| app_signature | 根据支付签名（paySign）生成方法中所讲的签名方式生成的，参加签名的字段为 appid、appkey、package、timestamp |
| sign_method | 签名方法（不计入签名生成） |

实现细节如下。

（1）获得 AccessToken。

代码如下：

```
1.  /// <summary>
2.  /// 获取 AccessToken
3.  /// </summary>
4.  /// <returns></returns>
5.  public static AccessToken GetAccessToken()
6.  {
7.      string grant_type = "client_credential";
8.      string appid = "appid";
9.      string secret = "secret";
10.     string tokenUrl = string.Format("https://api.weixin.qq.com/cgi-bin/token?grant_type={0}&appid={1}&secret={2}", grant_type, appid, secret);
11.     var wc = new WebClient();
12.     var strReturn = wc.DownloadString(tokenUrl);
13.     return strReturn
14. }
```

（2）提交查询。

```
1.      public JsonResult OrderQuery(WXM_TRADE_Model trade)
2.      {
3.          string nonceStr = Senparc.Weixin.MP.TenPayLibV3.TenPayV3Util.GetNoncestr();
```

```
4.            Senparc.Weixin.MP.TenPayLibV3.RequestHandler packageReqHandler
   = new Senparc.Weixin.MP.TenPayLibV3.RequestHandler(null);
5.            //设置package 订单参数
6.        packageReqHandler.SetParameter("appid", AppId);          //公众号 ID
7.        packageReqHandler.SetParameter("mch_id", MchId);         //商户号
8.     //packageReqHandler.SetParameter("transaction_id", "");
                                                         //填入微信订单号
9.    packageReqHandler.SetParameter("out_trade_no", trade.TRADE_NO);
                                                         //填入商家订单号
10.   packageReqHandler.SetParameter("nonce_str", nonceStr);
                                                         //随机字符串
11.        string querysign = packageReqHandler.CreateMd5Sign("key", Key);
12.        packageReqHandler.SetParameter("sign", querysign);    //签名
13.        string data = packageReqHandler.ParseXML();
14.        var result = Senparc.Weixin.MP.AdvancedAPIs.TenPayV3.Order
   Query(data);
15.        var res =System.Xml.Linq.XDocument.Parse(result);
16.        string return_code = res.Element("xml").Element("return_code").Value;
17.        string trade_state = res.Element("xml").Element("trade_
   state").Value;//SUCCESS-支付成功, REFUND-转入退款, NOTPAY-未支付,
   //CLOSED-已关闭, REVOKED-已撤销, USERPAYING-用户支付中, PAYERROR-支付失败
18.        Hashtable hashtable = new Hashtable();
19.        hashtable.Add("trade_state", trade_state);
20.        return Json(hashtable);
21.    }
```

### 6.3.3 订单物流查询

微信的扫一扫功能相当强大，可以扫二维码、扫封面、扫街景、扫描翻译等，现在微信也能查询物流。本小节主要介绍订单物流查询功能的实现。

订单物流查询其实也是快递查询，首先要找快递的 API 接口，通过 http://apistore.baidu.com/可以看到很多 API，查找快递查询和接口地址，如图 6-21 所示。

图 6-21　查找快递查询和接口地址

# 第 6 章 微信小店

图 6-21 查找快递查询和接口地址(续)

然后进行编码工作,新建一个 Express 文件,默认文件准备齐全,如图 6-22 所示。

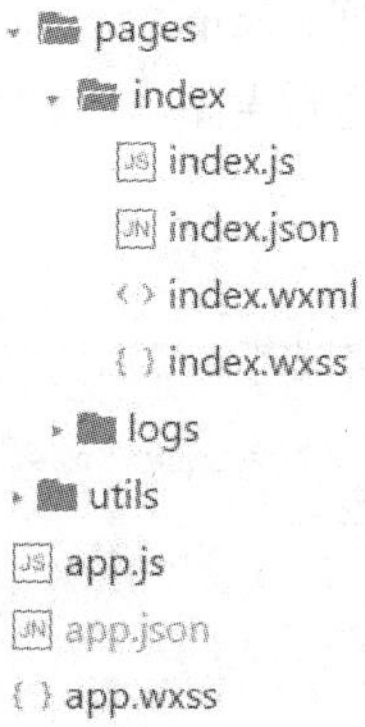

```
▼ 📁 pages
  ▼ 📁 index
      JS index.js
      JN index.json
      <> index.wxml
      { } index.wxss
  ▶ 📁 logs
▶ 📁 utils
  JS app.js
  JN app.json
  { } app.wxss
```

图 6-22 Express 文件

在 app.js 中把头部导航设置为绿色的背景色,代码如下:

```
1.   "window":{
2.   "backgroundTextStyle":"light",
3.   "navigationBarBackgroundColor":"#1AAD19",
4.   "navigationBarTitleText":"WeChat",
5.   "navigationBarTextStyle":"#fff",
6.   "navigationBarTitleText":"TODOS",
7.   "backgroundColor":"#492b2b",
8.   "enablePullDownRefresh":"true"
9.   }
```

在 index.json 中设置导航的名称"快递查询",代码如下:

```
1.   {
2.     "navigationBarTitleText":"快递查询"
3.   }
```

在 index.wxml 中把默认的代码删掉,放上一个文本输入框、一个查询按钮,代码如下:

```
1.   <!--index.wxml-->
```

163

```
2.    <view class="container">
3.     <input placeholder="请输入快递单号" bindinput="input" />
4.     <button type="primary" bindtap="btnClick"> 查询 </button>
5.    </view>
```

给文本框和按钮加上一个样式，在 index.wxss 中设置，代码如下：

```
1.    /**index.wxss**/
2.    input{border:1px solid #1AAD19; width:90%; height:20px; font-size:12px;
      padding:5px 10px;}
3.    button{margin-top:20px;}
```

至此，快递查询的布局就做好了，如图 6-23 所示。

接下来需要调用事先准备好的 API 快递查询接口。首先需要在 app.js 中设置一个网络请求的方法，即在 getExpressInfo 里面设置两个参数：一个快递参数，一个返回的方法。

利用文档提供的 wx.request 发起网络请求 URL 地址路径，里面有几个参数：muti=0，返回多行完整的数据；order=desc，按时间由新到旧排列；com，快递的名称（快递公司的名称）；nu，快递单号；header，请求的参数 apikey 的值。

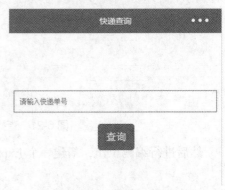

图 6-23  快递查询布局

```
1.    //设置一个发起网络请求的方法
2.    getExpressInfo:function(nu,cb){
3.     wx.request({
4.      url: 'http://apis.baidu.com/kuaidicom/express_api/express_api?muti=
       0&order=desc&com=zhongtong&nu='+nu,
5.      data: {
6.       x: '' ,
7.       y: ''
8.      },
9.      header: {
10.       'apikey': '247d486b40d7c8da473a9a794f900508'
11.      },
12.      success: function(res) {
13.       //console.log(res.data)
14.       cb(res.data);
15.      }
16.     })
17.    },
18.    globalData:{
19.     userInfo:null
20.    }
```

有了这样的请求方法，接下来就需要给查询按钮添加一个单击的事件 bindtap="btnClick"，在 index.js 中添加查询事件，通过 APP 来调用写好的请求方法 getExpressInfo。在此之前需要先获取一下文本框内输入的快递单号。

给文本框绑定一个 bindinput 事件，获取输入的快递单号。在 data:对象中定义两个变量：一个是输入框的值，另一个是要显示的快递信息。

```
1.  //index.js
2.  //获取应用实例
3.  var app = getApp()
4.  Page({
5.   data: {
6.    motto: 'Hello World',
7.    userInfo: {},
8.    einputinfo:null,//输入框值
9.    expressInfo:null //快递信息
10.  },
11.  //事件处理函数
12.  bindViewTap: function() {
13.   wx.navigateTo({
14.    url: '../todos/todos'
15.   })
16.  },
17.  onLoad: function () {
18.   console.log('onLoad')
19.   var that = this
20.   //调用应用实例的方法获取全局数据
21.   app.getUserInfo(function(userInfo){
22.    //更新数据
23.    that.setData({
24.     userInfo:userInfo
25.    })
26.   })
27.  },
28.  //快递输入框事件
29.  input:function(e){
30.   this.setData({einputinfo:e.detail.value});
31.  },
32.  //查询事件
33.  btnClick:function(){
34.   var thisexpress=this;
35.   app.getExpressInfo(this.data.einputinfo,function(data){
36.    console.log(data);
37.    thisexpress.setData({expressInfo:data})
38.   })
39.  }
40. })
```

最后需要在 index.wxml 中把查询出来的快递信息显示出来，利用 vx:for 来循环数组。

```
1.  <!--index.wxml-->
2.  <view class="container">
3.   <input placeholder="请输入快递单号" bindinput="input" />
4.   <button type="primary" bindtap="btnClick"> 查询 </button>
5.  </view>
6.  <view class="expressinfo" wx:for="{{expressInfo.data}}">
7.   <ul>
8.    <li>{{item.context}}</li>
9.    <li>{{item.time}}</li>
10.  </ul>
```

```
11.    </view>
```
最后一步设置显示出来的快递信息的样式。

```
1.    /**index.wxss**/
2.    input{border:1px solid #1AAD19; width:90%; height:20px; font-size:12px;
padding:5px 10px;}
3.    button{margin-top:20px;}
4.    expressinfo{font-size:12px; line-height: 18px;padding:10px; text-align:left;}
5.    expressinfo li{display:block}
```

到这里，整个快递查询就完成了，界面如图 6-24 所示。

图 6-24　快递查询完成界面

## 本章小结

本章详细介绍了微信小店的创建与应用，用户可在微信公众平台网站上直接新建自己的微信小店，对商品信息、货架、订单、维权等进行管理。同时商家也可使用接口批量添加商品，快速开店。微信小店极大地方便了公众号持有者快速地建立自己的网上店铺，大大降低了网上开店的成本，从而及时有效地开展商品的推广与营销。

# 第 7 章 微信支付

## 学习目标

- 了解微信支付的作用。
- 熟悉微信公众号的支付流程。
- 掌握 JS API 接口的开发。

微信支付是集成在微信客户端的支付功能,用户可以通过手机完成快速的支付流程。微信支付以绑定银行卡的快捷支付为基础,向用户提供安全、快捷、高效的支付服务。

用户只需在微信中关联一张银行卡,并完成身份认证,即可将装有微信 APP 的智能手机变成一个全能钱包,即可购买合作商户的商品及服务,用户在支付时只需在自己的智能手机上输入密码,无须任何刷卡步骤即可完成支付,整个过程简便流畅。

目前微信支付已实现刷卡支付、扫码支付、公众号支付、APP 支付,并提供企业红包、代金券、立减优惠等营销新工具,满足用户及商户的不同支付场景。

## 7.1 申请微信支付

随着微商和微信红包的日益火爆,很多人都想知道微信支付怎么开通,不过不是所有人都可以开通微信支付,开通它必须满足一定的条件。下面首先介绍支付申请流程。

### 7.1.1 支付申请流程

#### 1. 服务号认证

(1)微信支付功能目前仅对完成微信认证的服务号开放申请(企业、媒体、政府及其他组织)。若公众号符合开放申请要求,可直接进入第 2 步(微信公众平台提交资料)。

(2)订阅号可先升级为服务号,升级方法:登录微信公众平台,单击"设置"→"账号信息"→"升级为服务号"选项。

(3)未认证的服务号需先完成微信认证。

注:商户申请微信认证的主体与申请开通微信支付功能的主体需保持一致。

#### 2. 申请资料审核

(1)登录微信公众平台,进入"服务"→"服务中心"→"商户功能"。

(2)提交商户基本资料。

商户需准确选择经营范围,并如实填写出售的商品/服务信息,此处填写的信息将作为日后运营监管的依据。

(3)提交业务审核资料。

对于商户提交的资料,主体需与微信认证主体保持一致,以保证运营主体即认证主体。

（4）提交财务审核资料。

对于商户提交的财务资料，主体需与业务审核资料主体一致，以保证结算主体即运营主体；商户提交的所有资料需加盖公章。

（5）资料审核。

① 商户申请资料提交成功后，腾讯公司将在 7 个工作日内反馈审核结果。

② 审核结果将以电子邮件的形式告知商户。商户也可登录微信公众平台，单击页面右上角的小信封图标查看，如图 7-1 所示。

图 7-1　查看审核结果

③ 审核通过的通知邮件中，将包含非常重要的开发参数，商户应牢记申请时填写的"重要邮箱"地址，相关通知一经发送至"重要邮箱"地址，就视为腾讯公司已经向商户履行了通知义务。

"重要邮箱"是商户在填写业务审核资料时设置的，如图 7-2 所示。

图 7-2　设置重要邮箱

### 3. 开发功能、签订合同

（1）资料审核通过的商户可以进行功能开发工作。腾讯公司提供清晰的开发接口文档，帮助商户顺利完成功能开发工作。

注：为了不耽误进入申请流程中的第 4 步，即开通客户功能，建议商户将合同签订与功能开发同步进行。

（2）签订合同。

① 资料审核通过后，商户对合同进行盖章后根据指引寄至腾讯公司。

② 若申请开通公众号支付功能，商户须签订《微信公众平台商户功能服务协议》和《微信支付服务协议》。

③ 若申请开通 APP 支付功能，商户只须签订《微信支付服务协议》即可，无须签订《微信公众平台商户功能服务协议》。

④ 若同时申请开通公众号支付和 APP 支付功能，须签订《微信公众平台商户功能服务协议》和《微信支付服务协议》。

⑤ 腾讯公司在收到商户寄回的合同后，会由专人负责审核，确认无误后，会尽快盖章并按照约定的份数寄还商户。

注：商户盖章时请注意加盖骑缝章。

4．开通商户功能

（1）缴纳风险保证金。

① 商户登录财付通账户缴纳风险保证金。

该财付通账户的登录 ID 和密码可在资料审核通过时腾讯公司发送的通知邮件中查看，登录 ID 即 partnerid，登录密码即 partnerkey。

② 未缴纳风险保证金不影响开通商户功能，但风险保证金足额缴纳是款项结算服务开通的前提。

（2）开通商户功能是指测试白名单之外的微信号也能在商户的公众号内使用微信支付功能，开通商户功能之后才能在公众号内售卖商品或服务。

### 7.1.2 经营类目选择

商户要根据实际售卖的商品或提供的服务来选择对应的类目，实际售卖的商品必须在营业执照允许经营的范围内（近似一致即可）。目前不支持跨类目经营，如果企业需要经营多类目，需要选择其中一个类目进行申请。这里需要注意的问题如下。

（1）如果有除了类目商品以外的其他关联商品，请选择核心类目即可。

（2）对于无营业执照的政府事业单位，可根据实际经营范围选择对应的类目。

### 7.1.3 资费标准

1．费率收取标准及办法

商户使用商户功能和微信支付服务时，需要按照腾讯公司规定的标准缴纳微信支付手续费。费率及收费方式在商户签署的《微信公众平台商户功能服务协议》及《微信支付服务协议》中做具体约定。

2．微信风险保证金收取标准及办法

为了更好地向微信用户提供服务，规范商户管理，商户需要按照合同约定缴纳一定金额的风险保证金，可通过财付通账户进行缴纳。保证金将被冻结在商户财付通账户中，合作结束后解冻。

## 7.2 公众号支付

公众号支付即用户在微信中打开商户的 H5 页面，通过调用微信支付提供的 JS API 接

# 微信公众平台开发技术

□ 调用微信支付模块完成支付。

## 7.2.1 场景介绍

商户已有 H5 商城网站，用户通过消息或扫描二维码在微信内打开网页时，可以调用微信支付完成下单购买的流程，具体步骤如下。

（1）如图 7-3 所示，商户下发图文消息或者通过自定义菜单吸引用户点击以进入商户网页。

（2）如图 7-4 所示，进入商户的下单网页，用户进行选择。

（3）如图 7-5 所示，在微信支付界面，用户输入支付密码。

图 7-3 商户自定义消息界面

图 7-4 商户的下单网页

图 7-5 用户输入密码

（4）如图 7-6 所示，密码验证通过，支付成功。商户后台得到支付成功的通知。

（5）如图 7-7 所示，返回商户页面提示，显示购买成功。该页面由商户自定义。

（6）如图 7-8 所示，公众号下发消息，提示发货成功。该步骤可选。

图 7-6 用户支付成功提示

图 7-7 返回商户页面提示

图 7-8 用户收到发货微信通知

注意：商户也可以把商品网页的链接生成二维码，用户通过扫一扫打开后即可完成购买支付。

# 第 7 章 微信支付

以下是支付场景的交互细节，请认真阅读并理解商户页面的设计逻辑。

（1）用户打开商户网页选购商品，发起支付，在网页通过 JavaScript 调用 getBrandWCPayRequest 接口，发起微信支付请求，用户进入支付流程。

（2）用户成功支付点击"完成"按钮后，商户的前端会收到 JavaScript 的返回值。此时可直接跳转到支付成功的静态页面进行展示。

（3）商户后台收到来自微信开放平台的支付成功回调通知，标志该笔订单支付成功。

注：（2）和（3）的触发不保证遵循严格的时序。JS API 返回值作为触发商户网页跳转的标志，商户后台应该在收到微信后台的支付成功回调通知后，才做真正的支付成功的处理。

## 7.2.2 开发步骤

### 1. 设置测试目录

在微信公众平台设置栏目，如图 7-9 所示。在支付测试状态下，设置测试目录，将测试人的微信号添加到白名单，发起支付的页面目录必须与设置的测试目录精确匹配，并将支付链接发到对应的公众号会话窗口中才能正常发起支付测试。注意，正式目录一定不能与测试目录设置成一样的，否则支付会出错。

图 7-9 设置栏目

### 2. 设置正式支付目录

根据图中栏目顺序进入修改栏目，选择 JS API 网页支付，开通该权限，并配置好支付授权目录。该目录必须是发起支付的页面的精确目录，子目录下无法正常调用支付。具体界面如图 7-10 所示。

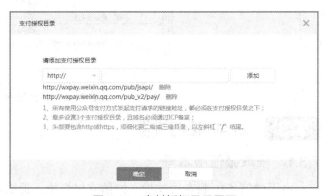

图 7-10 支付授权目录界面

171

## 7.2.3 业务流程

业务流程如图 7-11 所示。

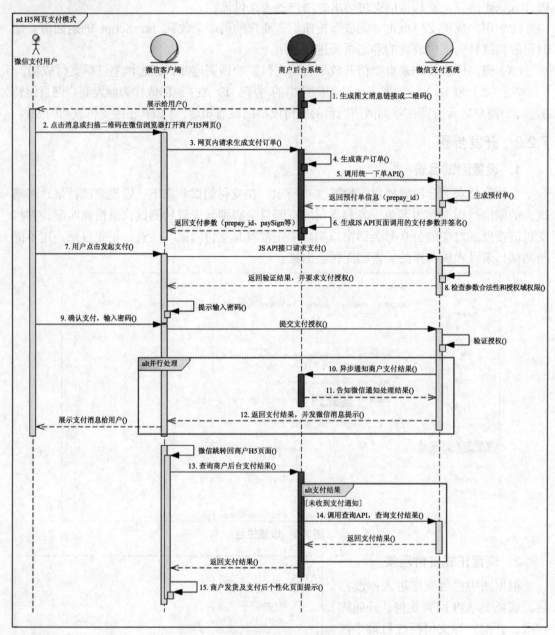

图 7-11 业务流程

## 7.3 JS API 接口开发

### 7.3.1 获取微信版本号

由于微信 5.0 版本后才加入微信支付模块，低版本用户调用微信支付功能将无效，因此，建议商户先通过 user agent 确定用户当前的版本号，然后再调用支付接口。以 iPhone 版

# 第 7 章 微信支付

本为例,可以通过 user agent 获取如下微信版本示例信息:

"Mozilla/5.0(iphone;CPU iphone OS 5_1_1 like Mac OS X)
AppleWebKit/534.46(KHTML,like Geocko) Mobile/9B206 MicroMessenger/5.0"

其中,5.0 为用户安装的微信版本号,商户可以判定版本号是否高于或者等于 5.0。

## 7.3.2 H5 调用支付 API

现在的微信支付方式有多种,如图 7-12 所示,有刷卡支付、公众号支付、扫码支付和 APP 支付。对于支付工具的开发,这里对公众号支付接口进行介绍,其他几种支付接口的开发思路基本上都是一样的。

图 7-12　微信支付方式

### 1. 思路详解

从微信支付接口文档里的业务流程图(如图 7-11 所示)看,基本思路如下。

首先在后台生成一个链接,展示给用户并让用户点击(例如页面上有微信支付的按钮)。用户点击按钮后,网站后台会根据订单的相关信息生成一个支付订单。此时会调用统一下单接口,对微信支付系统发起请求,而微信支付系统收到请求后,会根据请求过来的数据生成一个预支付交易会话标识(prepay_id,就是通过这个来识别该订单的)。网站收到微信支付系统的响应后,会得到 prepay_id,然后构造微信支付所需要的参数,接着将支付所需参数返回给客户端。用户此时可能会有一个订单信息页,会有一个按钮,点击支付,此时会调用 JS API 接口对微信支付系统发起请求支付。微信支付系统检查了请求的相关合法性之后,就会提示输入密码,用户此时输入密码确认,微信支付系统会对其进行验证,通过的话会返回支付结果,然后微信跳转回 H5 页面。这其中有一步是异步通知网站支付结果,网站需要对此进行处理(比如异步支付结果通过后,需要更新数据表或者订单信息,同时也需要更新订单日志,防止用户重复提交订单)。

## 2. 代码讲解

这里先简单说一下微信公众号支付的流程。首先获得 code，然后获得 openid，再根据 openid 获取预支付 ID（prepay_id）。获取到 prepay_id，自然得到 packages，这个最难获得的参数获得之后，基本上就做好一半了，剩余的参数包括 appId（公众号 ID）、timeStamp（时间戳）、nonceStr（随机字符串）、signType（签名方式）、paySign（支付签名）。

获取到这些参数后，新建一个页面，复制微信的代码。

```
1.   function onBridgeReady(){
2.       WeixinJSBridge.invoke(
3.           'getBrandWCPayRequest', {
4.               "appId" : "wx2421b1c4370ec43b",//公众号名称，由商户传入
5.               "timeStamp": " 1395712654",     //时间戳，自1970年以来的秒数
6.               "nonceStr" : "e61463f8efa94090b1f366cccfbbb444",
                                                 //随机字符串
7.               "package" : "prepay_id=u802345jgfjsdfgsdg888",
8.               "signType" : "MD5",     //微信签名方式
9.               "paySign" : "70EA570631E4BB79628FBCA90534C63FF7FADD89"
                                         //支付签名
10.          },
11.          function(res){
12.              if(res.err_msg == "get_brand_wcpay_request:ok" ) {}
                                                 // 使用
13. // 以上方式判断前端返回，微信团队郑重提示：res.err_msg将在用户支付成功后
14. // 返回ok，但并不保证它绝对可靠
15.          }
16.      );
17.  }
18.  if (typeof WeixinJSBridge == "undefined"){
19.      if( document.addEventListener ){
20.          document.addEventListener('WeixinJSBridgeReady',onBridgeReady, false);
21.      }else if (document.attachEvent){
22.          document.attachEvent('WeixinJSBridgeReady', onBridgeReady);
23.          document.attachEvent('onWeixinJSBridgeReady', onBridgeReady);
24.      }
25.  }else{
26.      onBridgeReady();
27.  }
```

这样，微信就会自动调用支付。

### 7.3.3 收货地址共享

微信支付的收货地址共享功能，主要是统一地管理微信用户个人的收货地址，其收货地址可以被应用于所有可以调用的开发者。用户的收货地址包含了很多个人信息，因此该接口必须要通过申请，申请的方式可以在网站平台上查看到。

#### 1. 申请开通

申请微信支付功能时，需要配置微信的支付目录（支付目录为绝对路径，例如支付接口为 wxpay.html，而该文件在 wxpay 目录下，那么支付目录必须写成 http://test.mc.com/wxpay）。

配置该目录权限时需要添加"可编辑和拉取共享地址"权限,这样开发者可以在该授权目录拉取共享收货地址。其次需要修改用户的 Oauth 授权域名,将其域名修改为相应授权目录的域名即可,例如授权目录是 http://test.mc.com/wxpay/,那么 Oauth 的授权域名则为 test.mc.com。

### 2. 共享收货地址开发

在开发前,首先要明确拉取共享收货地址需要的参数配置,具体如下:

appId(已知参数)、scope(默认参数 jsapi_address)、signType(默认参数 sha1)、addrSign(需要生成参数)、timeStamp(加密和解密所需参数)、nonceStr(加密解密所需参数)。

通过简单分析可以看出,需要生成一个 addrSign 值,而这个值依赖 timeStamp 和 nonceStr,因此 timeStamp 和 nonceStr 参数的值必须和加密生成 addrSign 的值完全一致。

对于 addrSign 的生成过程,参与 addrSign 签名的字段包括 appId、url(当前网页 URL)、timestamp、 noncestr、accessToken(用户授权凭证,请参照 Oauth 2.0 协议获取)。这里的 scope、signType 并不参与签名。需要注意的是,首先,对所有待签名参数按照字段名的 ASCII 码从小到大排序(字典序)后,使用 URL 键值对的格式(即 key1=value1&key2=value2…)拼接成字符串 string1,而所有参数名均为小写字符,例如 appId 在排序后,字符串为 appid;其次,对 string1 做签名算法,字段名和字段值都采用原始值,不进行 URL 转义,签名算法为 addrSign = SHA1(string1)。

存在问题及解决方法如下。

(1)微信提示拒绝访问。

授权目录错误,请确认自己的授权目录是否为绝对路径,或者是否申请开通授权目录。

(2)拉取收货地址提示 fail 的第一种情况。

很多时候这是由于签名出错造成的,签名出错又包含以下几个错误。

① 签名参数必须小写,也就是说有的签名参数名存在大写的。

② 加密所使用的 token 信息为用户 OAuth 时返回的,并非官号的 token。

③ 参与签名使用的 URL 必须带上微信服务器返回的 code 和 state 参数,这部分就是保证拉起收货地址的页面 URL 必须要与加密生成签名的 URL 完全一致。其次,签名使用的 URL 必须是调用时所在页面的 URL,此 URL 域名要与填写的 Oauth 2.0 授权域名一致。

(3)拉取收货地址提示 fail 的第二种情况。

① 调用接口参数必须用字符串格式,必须保证 timeStamp 和 nonceStr 两个值是字符串格式。

② 传递给微信的 timeStamp 和 nonceStr 必须是参与生成 addrSign 签名的值。

需要注意的内容如下。

a. 文件必须放到微信支付的授权目录下面。

b. 必须获取用户的微信 OAuth 2.0 授权,获取 code。

这个 code 是获取 access_token 的关键,必须获取到。如果仅仅是测试,可以通过以下链接进行:

https://open.weixin.qq.com/connect/oauth2/authorize?appid=用户的 appid&redirect_uri=http://

用户的支付授权目录/addr.php&response_type=code&scope=snsapi_base&state=1#wechat_redir

c. 如果已经提前获取到 code 信息，就可以通过改造 addr.php 文件来获取 access_token。URL 必须是当前的 URL 地址：

http://用户的支付授权目录/addr.php?code=0081d32ef9f0e62a22541c28d48d5d58&state=1#wechat_redir

共享收货地址开发主要流程如下。

（1）通过网页授权获取用户的 code。

https://open.weixin.qq.com/connect/oauth2/authorize?appid=用户的 APPID&amp;redirect_uri=http://用户的支付授权目录及获取共享地址的文件&response_type=code& scope=SCOPE&state=STATE#wechat_redirect

（2）一旦获取后，code 可以存储，并保证获取的共享地址中包含这个 code 和&state=1#wechat_redir，当然直接跳转时，它会自己带上 code=0081d32ef9f0e62a22541c28d48d5d58&state=1#wechat_redir 这些参数。

（3）通过 code 换取网页授权 access_token。

https://api.weixin.qq.com/sns/oauth2/access_token?appid=用户的 APPID&secret=用户的SECRET&code=用户的 CODE&grant_type=authorization_code

这个 access_token 是获取地址控件签名的关键。

（4）获取地址控件签名。

其中主要的是$url 和$accesstoken 这两个参数。URL 必须与调用页面的 URL 完全一致，包含参数。其中，微信要求参与签名使用的 URL 必须带上微信服务器返回的 code 和 state 参数，因此访问页面也必须携带两个参数，比如，获取到 code 之后跳转的页面 URL 是 http://用户的支付授权目录/addr.php，当获取 code 之后就成了 http://用户的支付授权目录/addr.php?code=0081d32ef9f0e62a22541c28d48d5d58&state=1#wechat_redir。那么这个 URL 将参与获取签名。

（5）获取到 addrSign 这个值之后就可以构建一个 JS 方法，用来触发调用地址控件。

```
1.  function getaddr(){
2.  WeixinJSBridge.invoke('editAddress',{
3.  "appId" : "",
4.  "scope" : "jsapi_address",
5.  "signType" : "sha1",
6.  "addrSign" : "",
7.  "timeStamp" : "",
8.  "nonceStr" : "",
9.  },function(res){ }
10. }
```

## 本章小结

本章详细介绍了微信支付的概念和支付接口，从公众平台的微信支付申请展开说明，从支付场景到支付流程，再到开发步骤，以及如何使用 API 接口来开发应用微信支付功能。本章是以普通商户版为模版介绍微信支付的，重点介绍了如何使用 H5 来调用支付接口。

# 第 8 章 高级接口

## 学习目标

- 了解微信高级接口的概念。
- 掌握 OAuth 2.0 授权接口,能够运用 API 获取接口访问凭证。
- 熟悉客服接口、关注者列表接口的调用方法。
- 熟悉用户标签管理、素材管理、高级群发接口的调用方法。

为实现微信公众号的一些特殊的应用,微信也提供了一些高级接口为不同的用户实现高级功能。服务号经过微信认证后,将会自动获得高级接口中的所有功能权限,主要包括客服接口、OAuth 2.0 授权、关注者列表、用户标签管理、素材管理、高级群发接口等。本章将对微信公众平台的高级接口进行详细讲解。

## 8.1 客服接口

客服接口的功能是将普通微信用户向公众号发出的消息转发到客服系统。通过客服系统,客服人员可以查看并回复用户,也可以灵活地管控客服人员的登录账号和任务。

公众号处于开发模式时,普通微信用户向公众号发消息时,微信服务器会先将消息传递到开发者填写的 URL 上,如果希望将消息转发到客服系统,则需要开发者在响应包中返回 MsgType 为 transfer_customer_service 的消息,微信服务器收到响应后会把当次发送的消息转发至客服系统。出于用户特定的需要,也可以为用户指定客服,那么就可以在返回 transfer_customer_service 消息时,在 XML 中附上 TransInfo 信息指定分配给某个客服账号。

### 8.1.1 消息转发到客服

接入客服接口后,当用户与客服处于会话过程中时,用户发送的消息会直接转发至客服系统,直到客服关闭会话。如果超过 30 min 客服一直没有关闭会话,那么微信服务器将停止转发至客服系统,而继续发送到开发者填写的 URL 上。用户在等待队列中时,用户发送的消息仍然会被推送至开发者填写的 URL 上。

需要特别注意的是,微信服务器只针对微信用户发来的消息进行转发,而对于其他任何事件(包括菜单点击、地理位置上报等)都不应该转接,否则客服在客服系统上就会看到一些无意义的消息。

响应包数据如下:

```
1.  <xml>
2.      <ToUserName><![CDATA[touser]]></ToUserName>
3.      <FromUserName><![CDATA[fromuser]]></FromUserName>
4.      <CreateTime>1399197672</CreateTime>
```

```
5.         <MsgType><![CDATA[transfer_customer_service]]></MsgType>
6.    </xml>
```

以上响应数据包中包含 MsgType 为 transfer_customer_service 的消息，故微信服务器会将该消息直接转发至客服系统。

在多客服人员同时登录客服并开启了自动接入且在进行接待的条件下，客户消息转发至客服时，多客服系统会将客户随机分配给其中一个客服人员。若有将某个客户的消息转给指定客服接待的需求，可以在返回 transfer_customer_service 消息时附上 TransInfo 信息以指定一个客服账号 KfAccount。但如果指定的客服处于没有接入能力的状态下（不在线、没有开启自动接入或者自动接入已满），该用户也会被直接接入到指定客服，不再通知其他客服，更不会被其他客服接待。所以建议开发者在指定客服时，要确保该客服具有接入能力，这样才能保证客户能及时地得到服务。

```
1.    <xml>
2.        <ToUserName><![CDATA[touser]]></ToUserName>
3.        <FromUserName><![CDATA[fromuser]]></FromUserName>
4.        <CreateTime>1399197672</CreateTime>
5.        <MsgType><![CDATA[transfer_customer_service]]></MsgType>
6.        <TransInfo>
7.            <KfAccount><![CDATA[test1@test]]></KfAccount>
8.        </TransInfo>
9.    </xml>
```

## 8.1.2 客服管理

### 1. 获取客服基本信息

● 接口调用请求说明。

HTTP 请求方式：GET。

https://api.weixin.qq.com/cgi-bin/customservice/getkflist?access_token=ACCESS_TOKEN

● 返回说明。

返回数据示例（正确时的 JSON 返回结果）：

```
1.    {
2.        "kf_list" : [
3.            {
4.                "kf_account" : "test1@test",
5.                "kf_headimgurl" : "http://mmbiz.qpic.cn/mmbiz/4whpV1VZl2iccsvYbHvnphkyGtnvjfUS8Ym0GSaLic0FD3vN0V8PILcibEGb2fPfEOmw/0",
6.                "kf_id" : "1001",
7.                "kf_nick" : "ntest1",
8.                "kf_wx" : "kfwx1"
9.            },
10.           {
11.               "kf_account" : "test2@test",
12.               "kf_headimgurl" : "http://mmbiz.qpic.cn/mmbiz/4whpV1VZl2iccsvYbHvnphkyGtnvjfUS8Ym0GSaLic0FD3vN0V8PILcibEGb2fPfEOmw/0",
13.               "kf_id" : "1002",
14.               "kf_nick" : "ntest2",
15.               "kf_wx" : "kfwx2"
16.           },
17.           {
```

```
18.            "kf_account" : "test3@test",
19.            "kf_headimgurl" : "http://mmbiz.qpic.cn/mmbiz/4whpV1VZl2iccsvYb
   HvnphkyGtnvjfUS8Ym0GSaLic0FD3vN0V8PILcibEGb2fPfEOmw/0",
20.            "kf_id" : "1003",
21.            "kf_nick" : "ntest3",
22.            "invite_wx" : "kfwx3",
23.            "invite_expire_time" : 123456789,
24.            "invite_status" : "waiting"
25.        }
26.    ]
27. }
```

表 8-1 对所用参数进行了说明，具体如下。

表 8-1 获取客服基本信息参数说明

| 参数名称 | 描 述 |
| --- | --- |
| kf_account | 完整客服账号，格式为账号前缀@微信公众号 |
| kf_nick | 客服昵称 |
| kf_id | 客服编号 |
| kf_headimgurl | 客服头像 |
| kf_wx | 如果客服账号已绑定了客服人员微信号，则此处显示微信号 |
| invite_wx | 如果客服账号尚未绑定微信号，但是已经发起了一个绑定邀请，则此处显示绑定邀请的微信号 |
| invite_expire_time | 如果客服账号尚未绑定微信号，但是已经发起过一个绑定邀请，邀请的过期时间为 UNIX 时间戳 |
| invite_status | 邀请的状态，包括等待确认"waiting"、被拒绝"rejected"、过期"expired" |

2. 添加客服账号

● 调用请求说明。

HTTP 请求方式：POST。

https://api.weixin.qq.com/customservice/kfaccount/add?access_token=ACCESS_TOKEN

POST 数据示例如下：

```
1. {
2.     "kf_account" : "test1@test",
3.     "nickname" : "客服1"
4. }
```

表 8-2 对所用参数进行了说明，具体如下。

表 8-2 添加客服账号参数说明

| 参数名称 | 描 述 |
| --- | --- |
| kf_account | 完整客服账号，格式为账号前缀@微信公众号，账号前缀最多 10 个字符，必须是英文、数字字符或者下画线，后缀为微信公众号，长度不超过 30 个字符 |
| nickname | 客服昵称，最长 16 个字 |

- 返回说明。

返回数据示例（正确时的 JSON 返回结果）：

```
1.  {
2.      "errcode" : 0,
3.      "errmsg" : "ok"
4.  }
```

表 8-3 对返回码进行了说明，具体如下。

表 8-3　添加客服账号返回码说明

| 返回码 | 说　　明 |
| --- | --- |
| 0 | 成功 |
| 65400 | API 不可用，即没有开通或没有升级到新客服功能 |
| 65403 | 客服昵称不合法 |
| 65404 | 客服账号不合法 |
| 65405 | 账号数目已达到上限，不能继续添加 |
| 65406 | 已经存在的客服账号 |

### 3. 邀请绑定客服账号

新添加的客服账号是不能直接使用的，只有客服人员用微信号绑定了客服账号后，方可登录以进行操作。此接口发起一个绑定邀请到客服人员微信号，客服人员需要在微信客户端上用该微信号确认，然后账号才可用。尚未绑定微信号的账号可以进行绑定邀请操作，邀请未失效时不能对该账号再次进行绑定邀请。

- 调用请求说明。

HTTP 请求方式：POST。

https://api.weixin.qq.com/customservice/kfaccount/inviteworker?access_token=ACCESS_TOKEN

POST 数据示例如下：

```
1.  {
2.      "kf_account" : "test1@test",
3.      "invite_wx" : "test_kfwx"
4.  }
```

表 8-4 对邀请绑定客服账号所用参数进行说明，具体如下。

表 8-4　邀请绑定客服账号参数说明

| 参数名称 | 描　　述 |
| --- | --- |
| kf_account | 完整客服账号，格式为账号前缀@微信公众号 |
| invite_wx | 接收绑定邀请的客服微信号 |

- 返回说明。

返回数据示例（正确时的 JSON 返回结果）：

# 第 8 章 高级接口

```
1.  {
2.      "errcode" : 0,
3.      "errmsg" : "ok"
4.  }
```

表 8-5 对返回码进行了说明，具体如下。

表 8-5　邀请绑定客服账号返回码说明

| 返回码 | 说　　明 |
| --- | --- |
| 0 | 成功 |
| 65400 | API 不可用，即没有开通或没有升级到新版客服 |
| 65401 | 无效客服账号 |
| 65407 | 邀请对象已经是本公众号客服 |
| 65408 | 本公众号已发送邀请给该微信号 |
| 65409 | 无效的微信号 |
| 65410 | 邀请对象绑定公众号客服数量达到上限（目前每个微信号最多可以绑定 5 个公众号客服账号） |
| 65411 | 该账号已经有一个等待确认的邀请，不能重复邀请 |
| 65412 | 该账号已经绑定微信号，不能进行邀请 |

## 4. 设置客服信息

● 调用请求说明。

HTTP 请求方式：POST。

https://api.weixin.qq.com/customservice/kfaccount/update?access_token=ACCESS_TOKEN

POST 数据示例如下：

```
1.  {
2.      "kf_account" : "test1@test",
3.      "nickname" : "客服1"
4.  }
```

表 8-6 对设置客服信息所用参数进行了说明，具体如下。

表 8-6　设置客服信息参数说明

| 参数名称 | 描　　述 |
| --- | --- |
| kf_account | 完整客服账号，格式为账号前缀@微信公众号 |
| nickname | 客服昵称，最长 16 个字 |

● 返回说明。

返回数据示例（正确时的 JSON 返回结果）：

```
1.  {
2.      "errcode" : 0,
```

```
3.        "errmsg" : "ok"
4.   }
```

表 8-7 对返回码进行了说明，具体如下。

**表 8-7  设置客服信息返回码说明**

| 返回码 | 说　　明 |
| --- | --- |
| 0 | 成功 |
| 65400 | API 不可用，即没有开通或没有升级到新版客服功能 |
| 65401 | 无效客服账号 |
| 65403 | 客服昵称不合法 |

### 5. 上传客服头像

- 调用请求说明。

HTTP 请求方式：POST/FORM。

https://api.weixin.qq.com/customservice/kfaccount/uploadheadimg?access_token=ACCESS_TOKEN&kf_account=KFACCOUNT

调用示例（使用 curl 命令，用 FORM 表单方式上传一个多媒体文件）：

curl -F media=@test.jpg "https://api.weixin.qq.com/customservice/kfaccount/uploadheadimg?access_token=ACCESS_TOKEN&kf_account=KFACCOUNT"

表 8-8 对上传客服头像所用参数进行了说明，具体如下。

**表 8-8  上传客服头像参数说明**

| 参数名称 | 描　　述 |
| --- | --- |
| kf_account | 完整客服账号，格式为账号前缀@微信公众号 |
| media | form-data 中媒体文件标识，有 filename、filelength、content-type 等信息，文件大小为 5 MB 以内 |

- 返回说明。

返回数据示例（正确时的 JSON 返回结果）：

```
1.   {
2.        "errcode" : 0,
3.        "errmsg" : "ok"
4.   }
```

表 8-9 对返回码进行了说明，具体如下。

**表 8-9  上传客服头像返回码说明**

| 返回码 | 说　　明 |
| --- | --- |
| 0 | 成功 |
| 65400 | API 不可用，即没有开通或没有升级到新版客服功能 |

## 第 8 章 高级接口

续表

| 返回码 | 说明 |
|---|---|
| 65401 | 无效客服账号 |
| 65403 | 客服昵称不合法 |
| 40005 | 不支持的媒体类型 |
| 40009 | 媒体文件长度不合法 |

**6. 删除客服账号**

● 调用请求说明。

HTTP 请求方式：POST/FORM。

https://api.weixin.qq.com/customservice/kfaccount/del?access_token=ACCESS_TOKEN&kf_account=KFACCOUNT

表 8-10 对删除客服账号所用参数进行了说明，具体如下。

表 8-10　删除客服账号参数说明

| 参数名称 | 描述 |
|---|---|
| kf_account | 完整客服账号，格式为账号前缀@微信公众号 |

● 返回说明。

返回数据示例（正确时的 JSON 返回结果）：

```
1.  {
2.      "errcode" : 0,
3.      "errmsg" : "ok"
4.  }
```

表 8-11 对返回码进行了说明，具体如下。

表 8-11　删除客服账号返回码说明

| 返回码 | 说明 |
|---|---|
| 0 | 成功 |
| 65400 | API 不可用，即没有开通或没有升级到新版客服功能 |
| 65401 | 无效客服账号 |

### 8.1.3 会话控制

**1. 创建会话**

此接口在客服和用户之间创建一个会话，如果该客服和用户会话已存在，则直接返回 0。指定的客服账号必须已经绑定微信号且在线。

● 调用请求说明。

HTTP 请求方式：POST。

https://api.weixin.qq.com/customservice/kfsession/create?access_token=ACCESS_TOKEN

POST 数据示例如下：

```
1.  {
2.      "kf_account" : "test1@test",
3.      "openid" : "OPENID"
4.  }
```

表 8-12 对创建会话所用参数进行了说明，具体如下。

表 8-12　创建会话参数说明

| 参数名称 | 描述 |
|---|---|
| kf_account | 完整客服账号，格式为账号前缀@微信公众号 |
| openid | 粉丝的 OpenID |

- 返回说明。

返回数据示例（正确时的 JSON 返回结果）：

```
1.  {
2.      "errcode" : 0,
3.      "errmsg" : "ok"
4.  }
```

**2. 关闭会话**

- 调用请求说明。

HTTP 请求方式：POST。

https://api.weixin.qq.com/customservice/kfsession/close?access_token=ACCESS_TOKEN

POST 数据示例如下：

```
1.  {
2.      "kf_account" : "test1@test",
3.      "openid" : "OPENID"
4.  }
```

表 8-13 对关闭会话所用参数进行了说明，具体如下。

表 8-13　关闭会话参数说明

| 参数名称 | 描述 |
|---|---|
| kf_account | 完整客服账号，格式为账号前缀@微信公众号 |
| openid | 粉丝的 OpenID |

- 返回说明。

返回数据示例（正确时的 JSON 返回结果）：

```
1.  {
2.      "errcode" : 0,
3.      "errmsg" : "ok"
4.  }
```

表 8-14 对返回码进行了说明，具体如下。

表 8-14　关闭会话返回码说明

| 返回码 | 说　　明 |
| --- | --- |
| 0 | 成功 |
| 65400 | API 不可用，即没有开通或没有升级到新版客服功能 |
| 65401 | 无效客服账号 |
| 65402 | 账号尚未绑定微信号，不能投入使用 |
| 65413 | 不存在对应用户的会话信息 |
| 65414 | 客户正在被其他客服接待 |
| 40003 | 非法的 OpenID |

### 3. 获取客户会话状态

此接口获取一个客户的会话，如果不存在，则 kf_account 为空。

- 调用请求说明。

HTTP 请求方式：GET。

https://api.weixin.qq.com/customservice/kfsession/getsession?access_token=ACCESS_TOKEN&openid=OPENID

表 8-15 对获取客户会话状态所用参数进行了说明，具体如下。

表 8-15　获取客户会话状态参数说明

| 参数名称 | 描　　述 |
| --- | --- |
| openid | 粉丝的 OpenID |

- 返回说明。

返回数据示例（正确时的 JSON 返回结果）：

```
1.  {
2.      "createtime" : 123456789,
3.      "kf_account" : "test1@test"
4.  }
```

表 8-16 对返回码进行了说明，具体如下。

表 8-16　获取客户会话状态返回码说明

| 返回码 | 说　　明 |
| --- | --- |
| 0 | 成功 |
| 65400 | API 不可用，即没有开通或没有升级到新版客服功能 |
| 40003 | 非法的 OpenID |

### 4. 获取客服会话列表

- 调用请求说明。

HTTP 请求方式：GET。

https://api.weixin.qq.com/customservice/kfsession/getsessionlist?access_token=ACCESS_TOKEN&kf_account=KFACCOUNT

表 8-17 对获取客服会话列表所用参数进行说明，具体如下。

表 8-17 获取客服会话列表参数说明

| 参数名称 | 描 述 |
| --- | --- |
| kf_account | 完整客服账号，格式为账号前缀@微信公众号 |

- 返回说明。

返回数据示例（正确时的 JSON 返回结果）：

```
1.  {
2.     "sessionlist" : [
3.       {
4.          "createtime" : 123456789,
5.          "openid" : "OPENID"
6.       },
7.       {
8.          "createtime" : 123456789,
9.          "openid" : "OPENID"
10.      }
11.    ]
12. }
```

5. 获取未接入会话列表

- 调用请求说明。

HTTP 请求方式：GET。

https://api.weixin.qq.com/customservice/kfsession/getwaitcase?access_token=ACCESS_TOKEN

表 8-18 对获取未接入会话列表所用参数进行了说明，具体如下。

表 8-18 获取未接入会话列表参数说明

| 参数名称 | 描 述 |
| --- | --- |
| count | 未接入会话数量 |
| waitcaselist | 未接入会话列表，最多返回 100 条数据，按照来访顺序排列 |
| openid | 粉丝的 OpenID |
| latest_time | 粉丝的最后一条消息的时间 |

- 返回说明。

返回数据示例（正确时的 JSON 返回结果）：

```
1.  {
2.     "count" : 150,
3.     "waitcaselist" : [
4.       {
5.          "latest_time" : 123456789,
```

```
6.            "openid" : "OPENID"
7.       },
8.       {
9.            "latest_time" : 123456789,
10.           "openid" : "OPENID"
11.      }
12.  ]
13. }
```

表 8-19 对返回码进行说明，具体如下。

**表 8-19　获取未接入会话列表返回码说明**

| 返回码 | 说明 |
| --- | --- |
| 0 | 成功 |
| 65400 | API 不可用，即没有开通或没有升级到新版客服功能 |
| 65401 | 无效客服账号 |
| 65402 | 客服账号尚未绑定微信号，不能投入使用 |
| 65413 | 不存在对应用户的会话信息 |
| 65414 | 粉丝正在被其他客服接待 |
| 65415 | 指定的客服不在线 |
| 40003 | 非法的 OpenID |

## 8.1.4　获取聊天记录

此接口返回的聊天记录中，图片、语音、视频分别展示成了文本格式的[image]、[voice]、[video]。对于较可能包含重要信息的图片消息，后续将提供图片拉取 URL。

- 调用请求说明。

HTTP 请求方式：POST。

https://api.weixin.qq.com/customservice/msgrecord/getmsglist?access_token=ACCESS_TOKEN

POST 数据示例如下：

```
1.  {
2.       "starttime" : 987654321,
3.       "endtime" : 987654321,
4.       "msgid" : 1,
5.       "number" : 10000
6.  }
```

表 8-20 对获取聊天记录所用参数进行了说明，具体如下。

**表 8-20　获取聊天记录参数说明**

| 参数名称 | 描述 |
| --- | --- |
| starttime | 起始时间，UNIX 时间戳 |
| endtime | 结束时间，UNIX 时间戳，每次查询时段不能超过 24 h |

续表

| 参数名称 | 描述 |
| --- | --- |
| msgid | 消息 ID 的顺序为从小到大，从 1 开始 |
| number | 每次获取条数，最多 10000 条 |

- 返回说明。

返回数据示例（正确时的 JSON 返回结果）：

```
1.  {
2.      "recordlist" : [
3.        {
4.          "openid" : "oDF3iY9WMaswOPWjCIp_f3Bnpljk",
5.          "opercode" : 2002,
6.          "text" : " 您好，客服 test1 为您服务。",
7.          "time" : 1400563710,
8.          "worker" : "test1@test"
9.        },
10.       {
11.         "openid" : "oDF3iY9WMaswOPWjCIp_f3Bnpljk",
12.         "opercode" : 2003,
13.         "text" : "你好，有什么事情？",
14.         "time" : 1400563731,
15.         "worker" : "test1@test"
16.       }
17.     ],
18.     "number":2,
19.     "msgid":20165267
20. }
```

表 8-21 对获取聊天记录返回参数进行了说明，具体如下。

表 8-21　获取聊天记录返回参数说明

| 参数名称 | 描述 |
| --- | --- |
| worker | 完整客服账号，格式为账号前缀@微信公众号 |
| openid | 用户标识 |
| opercode | 操作码，2002（客服发送信息）、2003（客服接收消息） |
| text | 聊天记录 |
| time | 操作时间，UNIX 时间戳 |

## 8.2　OAuth 2.0 授权

通过 QAuth 2.0 授权接口，可以获取到访问公众号网页的用户信息，包括 OpenID、用户昵称、用户头像、所在城市等。利用获取到的信息，可以优化用户体验、统计用户来源等。

在微信公众平台接口开发中，接口的访问凭证是 access_token，它相当于进入各种接口的钥匙，是公众号的全局唯一票据。公众号调用各接口时都需使用 access_token，开发者需要妥善保存。对于 access_token 的存储，至少要保留 512 个字符空间。access_token 的有效期目前为 2 h，需定时刷新，重复获取将导致上次获取的 access_token 失效。

### 8.2.1　OAuth 2.0 介绍

OAuth 是一个安全相关的协议，作用在于，使用户授权第三方的应用程序访问用户的 Web 资源，并且不需要向第三方应用程序透露自己的密码。OAuth 2.0 是一个全新的协议，并且不对之前的版本做向后兼容，然而，OAuth 2.0 保留了与之前版本 OAuth 相同的整体架构。公众号可以使用 AppID 和 AppSecret 调用本接口来获取 access_token。AppID 和 AppSecret 可在微信公众平台官网的开发者中心页中获得（需要已经成为开发者，且账号没有异常状态）。注意，调用所有微信接口时均需使用 HTTPS 协议。

请求说明如下。

HTTP 请求方式：GET。

https://api.weixin.qq.com/cgi-bin/token?grant_type=client_credential&appid=APPID&secret=APPSECRET

表 8-22 对获取接口凭证所用参数进行了说明，具体如下。

表 8-22　获取接口凭证参数说明

| 参数名称 | 是否必须 | 描述 |
| --- | --- | --- |
| grant_type | 是 | 获取 access_token，填写 client_credential |
| appid | 是 | 第三方用户唯一凭证 |
| secret | 是 | 第三方用户唯一凭证密钥，即 appsecret |

### 8.2.2　获取接口凭证方法

获取 access_token 的方法可以分为两种：手动获取和程序获取。手动获取就是将请求内容放在浏览器的地址栏上进行直接访问；程序获取是指通过调用后台代码去获取接口凭证。在自定义开发中往往要使用程序来获取接口凭证，但本质上都是向微信服务器发送 HTTPS GET 请求。假定某微信公众平台的参数如下：

AppID=wx90b00d2ef40bde4b

AppSecret=56ea34ef1bec24d0a2e70f5f204e354e

正常情况下，微信会返回下述 JSON 数据包给公众号：

```
1.  {
2.      "access_token":"ACCESS_TOKEN","expires_in":7200
3.  }
```

**1. 手动获取**

在浏览器地址栏上输入以下内容（建议使用谷歌浏览器）：

https://api.weixin.qq.com/cgi-bin/token?grant_type=client_credential&appid= wx90b00d2ef40bde4b&secret=56ea34ef1bec24d0a2e70f5f204e354e

获取的接口访问凭证正确时返回的字符串如图 8-1 所示。

图 8-1　正确获取接口访问凭证时返回的字符串

当 AppID 或 AppSecret 有错误时，将返回错误，这些字符串都比较长，不建议手工输入，尽量使用复制粘贴来，出现错误时返回的字符串如图 8-2 所示。

图 8-2　错误获取接口访问凭证时返回的字符串

### 2. 程序获取

在 C#中，访问 HTTP 链接需要使用 HttpWebRequest 类，获取凭证的示例代码如下：

```csharp
1.  public class HttpService
2.  {
3.      /// <summary>
4.      /// 处理 HTTP GET 请求，返回数据
5.      /// </summary>
6.      /// <param name="url">请求的 URL 地址</param>
7.      /// <returns>HTTP GET 成功后返回的数据,失败抛 WebException 异常</returns>
8.      public static string Get(string url)
9.      {
10.         System.GC.Collect();
11.         string result = "";
12.         HttpWebRequest request = null;
13.         HttpWebResponse response = null;
14.         //请求 URL 以获取数据
15.         try
16.         {
17.             //设置最大连接数
18.             ServicePointManager.DefaultConnectionLimit = 200;
19.             //设置 HTTPS 验证方式
20.             if (url.StartsWith("https", StringComparison.OrdinalIgnoreCase))
21.             {
22.                 ServicePointManager.ServerCertificateValidationCallback =
23.                     new RemoteCertificateValidationCallback(CheckValidationResult);
24.             }
25.
26.  /*************************************************************
27.   * 下面设置 HttpWebRequest 的相关属性*
28.  *************************************************************/
```

```
29.                request = (HttpWebRequest)WebRequest.Create(url);
30.                request.Method = "GET";
31.
32.                //获取服务器返回
33.                response = (HttpWebResponse)request.GetResponse();
34.
35.                //获取HTTP返回数据
36.                StreamReader sr = new StreamReader(response.GetResponseStream(), Encoding.UTF8);
37.                result = sr.ReadToEnd().Trim();
38.                sr.Close();
39.            }
40.            catch (System.Threading.ThreadAbortException e)
41.            {
42.                Log.Error("HttpService","Thread - caught ThreadAbortException - resetting.");
43.                Log.Error("Exception message: {0}", e.Message);
44.                System.Threading.Thread.ResetAbort();
45.            }
46.            catch (WebException e)
47.            {
48.                Log.Error("HttpService", e.ToString());
49.                if (e.Status == WebExceptionStatus.ProtocolError)
50.                {
51.                    Log.Error("HttpService", "StatusCode : " + ((HttpWebResponse)e.Response).StatusCode);
52.                    Log.Error("HttpService", "StatusDescription : " + ((HttpWebResponse)e.Response).StatusDescription);
53.                }
54.                throw new WxPayException(e.ToString());
55.            }
56.            catch (Exception e)
57.            {
58.                Log.Error("HttpService", e.ToString());
59.                throw new WxPayException(e.ToString());
60.            }
61.            finally
62.            {
63.                //关闭连接和流
64.                if (response != null)
65.                {
66.                    response.Close();
67.                }
68.                if (request != null)
69.                {
70.                    request.Abort();
71.                }
72.            }
73.            return result;
74.        }
75.
76.        public static bool CheckValidationResult(object sender, X509Certificate certificate, X509Chain chain, SslPolicyErrors errors)
77.        {
```

```
78.                //直接确认，否则打不开
79.                return true;
80.            }
81.        }
```

## 8.3 获取关注者列表

公众号可通过本接口来获取账号的关注者列表，关注者列表由一串 OpenID（加密后的微信号，每个用户对每个公众号的 OpenID 是唯一的）组成。一次最多拉取 10000 个关注者的 OpenID，可以通过多次拉取的方式来满足需求。

- 接口调用请求说明。

HTTP 请求方式：GET（使用 HTTPS）。

https://api.weixin.qq.com/cgi-bin/user/get?access_token=ACCESS_TOKEN&next_openid=NEXT_OPENID

表 8-23 对获取关注者列表所用参数进行了说明，具体如下。

表 8-23  获取关注者列表参数说明

| 参数名称 | 是否必须 | 描述 |
| --- | --- | --- |
| access_token | 是 | 调用接口凭证 |
| next_openid | 是 | 第一个拉取的 OpenID，不填默认从头开始拉取 |

- 返回说明。

正确时返回的 JSON 数据包：

{"total":2,"count":2,"data":{"openid":["","OPENID1","OPENID2"]},"next_openid":"NEXT_OPENID"}

表 8-24 对返回参数进行了说明，具体如下。

表 8-24  获取关注者列表返回参数说明

| 参数名称 | 描述 |
| --- | --- |
| total | 关注该公众号的总用户数 |
| count | 拉取的 OpenID 个数，最大值为 10000 |
| data | 列表数据，OpenID 的列表 |
| next_openid | 拉取列表的最后一个用户的 OpenID |

错误时返回的 JSON 数据包（示例为无效 AppID 错误）：

{"errcode":40013,"errmsg":"invalid appid"}

当公众号关注者数量超过 10000 时，可填写 next_openid 的值，通过多次拉取列表的方式来满足需求。具体而言，就是在调用接口时，将上一次调用得到的返回的 next_openid 值作为下一次调用中的 next_openid 值。

示例如下。

# 第 8 章　高级接口

公众号 A 拥有 23000 个关注的人，要通过拉取关注接口获取所有关注的人，那么请求 URL 分别如下。

https://api.weixin.qq.com/cgi-bin/user/get?access_token=ACCESS_TOKEN，返回结果如下：

```
1.  {
2.      "total":23000,
3.      "count":10000,
4.      "data":{"
5.  openid":[
6.          "OPENID1",
7.          "OPENID2",
8.          ...,
9.          "OPENID10000"
10.     ]
11.     },
12.     "next_openid":"OPENID10000"
13. }
```

https://api.weixin.qq.com/cgi-bin/user/get?access_token=ACCESS_TOKEN&next_openid=NEXT_OPENID1，返回结果如下：

```
1.  {
2.      "total":23000,
3.      "count":10000,
4.      "data":{
5.  "openid":[
6.          "OPENID10001",
7.          "OPENID10002",
8.          ...,
9.          "OPENID20000"
10.     ]
11.     },
12.     "next_openid":"OPENID20000"
13. }
```

https://api.weixin.qq.com/cgi-bin/user/get?access_token=ACCESS_TOKEN&next_openid=NEXT_OPENID2，返回结果（关注者列表已返回完时，返回 next_openid 为空）如下：

```
1.  {
2.      "total":23000,
3.      "count":3000,
4.      "data":{"
5.          "openid":[
6.          "OPENID20001",
7.          "OPENID20002",
8.          ...,
9.          "OPENID23000"
10.     ]
11.     },
12.     "next_openid":"OPENID23000"
13. }
```

## 8.4 素材管理

### 8.4.1 新增临时素材

公众号经常需要用到一些临时性的多媒体素材，例如，在使用接口特别是发送消息时，对多媒体文件、多媒体消息的获取和调用等操作，是通过 media_id 来进行的。素材管理接口对所有认证的订阅号和服务号开放。通过本接口，公众号可以新增临时素材（即上传临时多媒体文件）。

需要注意的内容如下。

（1）临时素材的 media_id 是可复用的。

（2）媒体文件在微信后台保存时间为 3 天，即 3 天后 media_id 失效。

（3）上传临时素材的格式、大小限制与公众平台官网一致。

图片（image）：2 MB，支持 PNG、JPEG（JPG）、GIF 格式。

语音（voice）：2 MB，播放长度不超过 60 s，支持 AMR、MP3 格式。

视频（video）：10 MB，支持 MP4 格式。

缩略图（thumb）：64 KB，支持 JPG 格式。

（4）需使用 HTTPS 调用本接口。

● 接口调用请求说明。

HTTP 请求方式：POST/FORM，使用 HTTPS。

https://api.weixin.qq.com/cgi-bin/media/upload?access_token=ACCESS_TOKEN&type=TYPE

调用示例（使用 curl 命令，用 FORM 表单方式上传一个多媒体文件）：

curl -F media=@test.jpg "https://api.weixin.qq.com/cgi-bin/media/upload? access_token=ACCESS_TOKEN&type=TYPE"

表 8-25 对所用参数进行了说明，具体如下。

表 8-25  新增临时素材参数说明

| 参数名称 | 是否必须 | 说　　明 |
| --- | --- | --- |
| access_token | 是 | 调用接口凭证 |
| type | 是 | 媒体文件类型，分别有图片（image）、语音（voice）、视频（video）和缩略图（thumb） |
| media | 是 | form-data 中的媒体文件标识，有 filename、filelength、content-type 等信息 |

● 返回说明。

正确情况下返回的 JSON 数据包结果如下：

{"type":"TYPE","media_id":"MEDIA_ID","created_at":123456789}

表 8-26 对返回参数进行了说明，具体如下。

# 第 8 章　高级接口

表 8-26　返回数据包参数说明

| 参数名称 | 描　　述 |
| --- | --- |
| type | 媒体文件类型，分别有图片（image）、语音（voice）、视频（video）和缩略图（thumb，主要用于视频与音乐格式的缩略图） |
| media_id | 媒体文件上传后获取标识 |
| created_at | 媒体文件上传时间戳 |

错误情况下返回的 JSON 数据包示例如下（示例为无效媒体类型错误）：

{"errcode":40004,"errmsg":"invalid media type"}

## 8.4.2　获取临时素材

公众号可以使用本接口获取临时素材（即下载临时的多媒体文件）。请注意，视频文件不支持 HTTPS 下载，调用该接口需 HTTP。

- 接口调用请求说明。

HTTP 请求方式：GET，HTTPS 调用。

https://api.weixin.qq.com/cgi-bin/media/get?access_token=ACCESS_TOKEN&media_id=MEDIA_ID

请求示例（示例为通过 curl 命令获取多媒体文件）如下：

curl　-I-G　"https://api.weixin.qq.com/cgi-bin/media/get?access_token=ACCESS_TOKEN&media_id=MEDIA_ID"

表 8-27 对所用参数进行了说明，具体如下。

表 8-27　获取临时素材参数说明

| 参数名称 | 是否必须 | 说　　明 |
| --- | --- | --- |
| access_token | 是 | 调用接口凭证 |
| media_id | 是 | 媒体文件 ID |

- 返回说明。

正确情况下返回的 HTTP 头如下：

```
1.  HTTP/1.1 200 OK
2.  Connection: close
3.  Content-Type: image/jpeg
4.  Content-disposition: attachment; filename="MEDIA_ID.jpg"
5.  Date: Sun, 06 Jan 2013 10:20:18 GMT
6.  Cache-Control: no-cache, must-revalidate
7.  Content-Length: 339721
8.  curl -G "https://api.weixin.qq.com/cgi-bin/media/get?access_token=
    ACCESS_TOKEN &media_id=MEDIA_ID"
```

如果返回的是视频消息素材，则内容如下：

```
1.  {
2.    "video_url":DOWN_URL
3.  }
```

错误情况下返回的 JSON 数据包示例如下（示例为无效媒体 ID 错误）：
{"errcode":40007,"errmsg":"invalid media_id"}

### 8.4.3 新增永久素材

对于常用的素材，开发者可通过本接口上传到微信服务器，永久使用。新增的永久素材也可以在公众平台官网素材管理模块中查询管理。

需要注意的事项如下。

（1）最近更新：永久图片素材新增后，将带有的 URL 返回给开发者，开发者可以在腾讯系域名内使用（腾讯系域名外使用，图片将被屏蔽）。

（2）公众号的素材库保存总数量有上限：图文消息素材、图片素材上限为 5000，其他类型为 1000。

（3）素材的格式大小等要求与公众平台官网一致。

图片（image）：2 MB，支持 BMP、PNG、JPEG（JPG）、GIF 格式。

语音（voice）：2 MB，播放长度不超过 60 s，支持 MP3、WMA、WAV、AMR 格式。

视频（video）：10 MB，支持 MP4 格式。

缩略图（thumb）：64 KB，支持 JPG 格式。

（4）图文消息的具体内容中，微信后台将过滤外部的图片链接，图片 URL 需通过"上传图文消息内的图片获取 URL"接口上传图片获取。

（5）"上传图文消息内的图片获取 URL"接口所上传的图片，不受公众号的素材库中图片数量（5000 个）的限制，图片仅支持 JPG、PNG 格式，大小必须在 1 MB 以下。

**1. 新增永久图文素材**

● 接口调用请求说明。

HTTP 请求方式：POST，HTTPS。

https://api.weixin.qq.com/cgi-bin/material/add_news?access_token=ACCESS_TOKEN

调用示例如下：

```
4.   {
5.      "articles": [{
6.         "title": TITLE,
7.         "thumb_media_id": THUMB_MEDIA_ID,
8.         "author": AUTHOR,
9.         "digest": DIGEST,
10.        "show_cover_pic": SHOW_COVER_PIC(0 / 1),
11.        "content": CONTENT,
12.        "content_source_url": CONTENT_SOURCE_URL
13.     },
14.     //若新增的是多图文素材，则此处应还有几段 articles 结构
15.     ]
16.  }
```

表 8-28 对所用参数进行了说明，具体如下。

## 第 8 章 高级接口

表 8-28 新增永久图文素材参数说明

| 参数名称 | 是否必须 | 说 明 |
|---|---|---|
| title | 是 | 标题 |
| thumb_media_id | 是 | 图文消息的封面图片素材 ID（必须是永久 mediaID） |
| author | 是 | 作者 |
| digest | 是 | 图文消息的摘要，仅有单图文消息才有摘要，多图文此处为空 |
| show_cover_pic | 是 | 是否显示封面。0 为 false，即不显示；1 为 true，即显示 |
| content | 是 | 图文消息的具体内容，支持 HTML 标签，必须少于两万字符，小于 1 MB，且此处会去除 JS，涉及图片 URL，必须从"上传图文消息内的图片获取 URL"接口获取。外部图片 URL 将被过滤 |
| content_source_url | 是 | 图文消息的原文地址，即点击"阅读原文"后的 URL |

- 返回说明。

```
1.  {
2.      "media_id":MEDIA_ID
3.  }
```

返回的即为新增的图文消息素材的 media_id。

2. 上传图文消息内的图片获取 URL

- 接口调用请求说明。

HTTP 请求方式：POST，HTTPS。

https://api.weixin.qq.com/cgi-bin/media/uploadimg?access_token=ACCESS_TOKEN

调用示例（使用 curl 命令，用 FORM 表单方式上传一个图片）如下：

curl -F media=@test.jpg "https://api.weixin.qq.com/cgi-bin/media/uploadimg?access_token=ACCESS_TOKEN"

表 8-29 对所用参数进行了说明，具体如下。

表 8-29 上传图文消息内的图片获取 URL 参数说明

| 参数名称 | 是否必须 | 说 明 |
|---|---|---|
| access_token | 是 | 调用接口凭证 |
| media | 是 | media 是 form-data 中的媒体文件标识，有 filename、filelength、content-type 等信息 |

- 返回说明。

正常情况下的返回结果为：

```
1.  {
2.      "url": "http://mmbiz.qpic.cn/mmbiz/gLO17UPS6FS2xsypf378iaNhWacZ1G1
    UplZYWEYfwvuU6Ont96b1roYs CNFwaRrSaKTPCUdBK9DgEHicsKwWCBRQ/0"
3.  }
```

其中，url 就是上传图片的 URL，可放在图文消息中使用。

### 3. 新增其他类型永久素材

- 接口调用请求说明。

通过 POST 表单来调用接口，表单 ID 为 media，包含需要上传的素材内容，有 filename、filelength、content-type 等信息。请注意：图片素材将进入公众平台官网素材管理模块中的默认分组。

HTTP 请求方式：POST，HTTPS。

https://api.weixin.qq.com/cgi-bin/material/add_material?access_token=ACCESS_TOKEN&type=TYPE

表 8-30 对所用参数进行了说明，具体如下。

表 8-30　新增其他类型永久素材参数说明

| 参数名称 | 是否必须 | 说　　明 |
| --- | --- | --- |
| access_token | 是 | 调用接口凭证 |
| type | 是 | 媒体文件类型，分别有图片（image）、语音（voice）、视频（video）和缩略图（thumb） |
| media | 是 | media 是 form-data 中的媒体文件标识，有 filename、filelength、content-type 等信息 |

对于新增永久视频素材，需特别注意，在上传视频素材时需要 POST 另一个表单，ID 为 description，包含素材的描述信息，内容格式为 JSON，格式如下：

```
1.  {
2.    "title":VIDEO_TITLE,
3.    "introduction":INTRODUCTION
4.  }
```

新增永久视频素材的调用示例：

curl "https://api.weixin.qq.com/cgi-bin/material/add_material?access_token=ACCESS_TOKEN&type=TYPE" –F media=@media.file -F  description='{"title":VIDEO_TITLE, "introduction":INTRODUCTION}'

表 8-31 对所用参数进行了说明，具体如下。

表 8-31　新增永久视频素材参数说明

| 参数名称 | 是否必须 | 说　　明 |
| --- | --- | --- |
| title | 是 | 视频素材的标题 |
| introduction | 是 | 视频素材的描述 |

- 返回说明。

```
1.  {
2.    "media_id":MEDIA_ID,
```

```
3.    "url":URL
4.  }
```

表 8-32 对所用参数进行了说明，具体如下。

表 8-32　新增永久视频素材返回参数说明

| 参数名称 | 描　　述 |
| --- | --- |
| media_id | 新增的永久素材的 media_id |
| url | 新增的图片素材的图片 URL（仅新增图片素材时会返回该字段） |

错误情况下返回的 JSON 数据包示例如下（示例为无效媒体类型错误）：
{"errcode":40007,"errmsg":"invalid media_id"}

### 8.4.4　获取永久素材

在新增了永久素材后，开发者可以根据 media_id 通过本接口下载永久素材。公众号在公众平台官网素材管理模块中新建的永久素材，可通过"获取素材列表"获知素材的 media_id。

● 接口请求说明。

HTTP 请求方式：POST，HTTPS。

https://api.weixin.qq.com/cgi-bin/material/get_material?access_token=ACCESS_TOKEN

调用示例：

```
1.  {
2.    "media_id":MEDIA_ID
3.  }
```

● 返回说明。

（1）图文素材返回说明。

```
1.  {
2.    "news_item":
3.    [
4.      {
5.        "title":TITLE,
6.        "thumb_media_id"::THUMB_MEDIA_ID,
7.        "show_cover_pic":SHOW_COVER_PIC(0/1),
8.        "author":AUTHOR,
9.        "digest":DIGEST,
10.       "content":CONTENT,
11.       "url":URL,
12.       "content_source_url":CONTENT_SOURCE_URL
13.     },
14.     //多图文消息有多篇文章
15.   ]
16. }
```

（2）视频消息素材返回说明。

```
1.  {
2.    "title":TITLE,
3.    "description":DESCRIPTION,
```

```
4.    "down_url":DOWN_URL,
5. }
```

其他类型的素材消息，响应的直接为素材的内容，开发者可以自行保存为文件。例如：
curl "https://api.weixin.qq.com/cgi-bin/material/get_material?access_token=ACCESS_TOKEN" -d '{"media_id":"61224425"}' > file

表 8-33 对所用参数进行了说明，具体如下。

表 8-33　获取永久素材返回参数说明

| 参数名称 | 描述 |
| --- | --- |
| title | 图文消息的标题 |
| thumb_media_id | 图文消息的封面图片素材 ID（必须是永久 mediaID） |
| show_cover_pic | 是否显示封面：0 为 false，即不显示；1 为 true，即显示 |
| author | 作者 |
| digest | 图文消息的摘要，仅有单图文消息才有摘要，多图文此处为空 |
| content | 图文消息的具体内容，支持 HTML 标签，必须少于两万字符，小于 1 MB，且此处会去除 JS |
| url | 图文页的 URL |
| content_source_url | 图文消息的原文地址，即点击"阅读原文"后的 URL |

错误情况下返回的 JSON 数据包示例如下（示例为无效媒体类型错误）：
{"errcode":40007,"errmsg":"invalid media_id"}

## 8.4.5　删除永久素材

在新增了永久素材后，开发者可以根据本接口来删除不再需要的永久素材，节省空间。需要注意的事项如下。

（1）需要谨慎操作本接口，因为它可以删除公众号在公众平台官网素材管理模块中新建的图文消息、语音、视频等素材（但需要先通过获取素材列表来获知素材的 media_id）。

（2）调用该接口需要 HTTPS。

● 接口调用请求说明。

HTTP 请求方式：POST。

https://api.weixin.qq.com/cgi-bin/material/del_material?access_token=ACCESS_TOKEN

调用示例：

```
1. {
2.   "media_id":MEDIA_ID
3. }
```

● 返回说明。

```
1. {
2.    "errcode":ERRCODE,
3.    "errmsg":ERRMSG
4. }
```

正常情况下调用成功时，errcode 将为 0。

### 8.4.6 修改永久素材

开发者可以通过修改永久素材接口对永久图文素材进行修改，需要注意的事项如下。
（1）也可以在公众平台官网素材管理模块中修改保存的图文消息（永久图文素材）。
（2）调用该接口需要 HTTPS。
接口调用请求说明如下。
HTTP 请求方式：POST。
https://api.weixin.qq.com/cgi-bin/material/update_news?access_token=ACCESS_TOKEN
调用示例：

```
1.  {
2.     "media_id":MEDIA_ID,
3.     "index":INDEX,
4.     "articles": {
5.         "title": TITLE,
6.         "thumb_media_id": THUMB_MEDIA_ID,
7.         "author": AUTHOR,
8.         "digest": DIGEST,
9.         "show_cover_pic": SHOW_COVER_PIC(0 / 1),
10.        "content": CONTENT,
11.        "content_source_url": CONTENT_SOURCE_URL
12.    }
13. }
```

参数 index 指要更新的文章在图文消息中的位置（多图文消息时，此字段才有意义），第一篇为 0。

### 8.4.7 获取永久素材总数

开发者可以根据获取永久素材总数接口来获取永久素材的总数，需要时也可保存到本地。需要注意的事项如下。
（1）永久素材的总数，也会包括公众平台官网素材管理中的素材。
（2）图片和图文消息素材（包括单图文和多图文）的总数上限为 5000，其他素材的总数上限为 1000。
（3）调用该接口需要 HTTPS。
● 接口调用请求说明。
HTTP 请求方式：GET。
https://api.weixin.qq.com/cgi-bin/material/get_materialcount?access_token=ACCESS_TOKEN
● 返回说明。

```
1.  {
2.     "voice_count":COUNT,
3.     "video_count":COUNT,
4.     "image_count":COUNT,
5.     "news_count":COUNT
6.  }
```

返回说明中，参数 voice_count 表示语音总数量，video_count 表示视频总数量，参数

image_count 表示图片总数量，news_count 表示图文总数量。

错误情况下返回的 JSON 数据包示例如下（示例为无效媒体类型错误）：

{"errcode":-1,"errmsg":"system error"}

### 8.4.8 获取永久素材列表

在新增了永久素材后，开发者可以分类型获取永久素材的列表。需注意的事项如下。

（1）永久素材的列表中也包含公众号在公众平台官网素材管理模块中新建的图文消息、语音、视频等素材。

（2）临时素材无法通过本接口获取。

（3）调用该接口需要 HTTPS。

● 接口调用请求说明。

HTTP 请求方式：POST。

https://api.weixin.qq.com/cgi-bin/material/batchget_material?access_token=ACCESS_TOKEN

调用示例：

```
1.  {
2.      "type":TYPE,
3.      "offset":OFFSET,
4.      "count":COUNT
5.  }
```

表 8-34 对所用参数进行了说明，具体如下。

表 8-34 获取永久素材列表参数说明

| 参数名称 | 是否必须 | 说　　明 |
| --- | --- | --- |
| type | 是 | 素材的类型，图片（image）、视频（video）、语音 （voice）、图文（news） |
| offset | 是 | 从全部素材的该偏移位置开始返回，0 表示从第一个素材返回 |
| count | 是 | 返回素材的数量，取值在 1~20 之间 |

● 返回说明。

永久图文消息素材列表的返回结果如下：

```
1.  {
2.      "total_count": TOTAL_COUNT,
3.      "item_count": ITEM_COUNT,
4.      "item": [{
5.          "media_id": MEDIA_ID,
6.          "content": {
7.              "news_item": [{
8.                  "title": TITLE,
9.                  "thumb_media_id": THUMB_MEDIA_ID,
10.                 "show_cover_pic": SHOW_COVER_PIC(0 / 1),
11.                 "author": AUTHOR,
12.                 "digest": DIGEST,
13.                 "content": CONTENT,
14.                 "url": URL,
15.                 "content_source_url": CONTETN_SOURCE_URL
16.             },
```

```
17.                 //多图文消息会在此处有多篇文章
18.             ]
19.         },
20.         "update_time": UPDATE_TIME
21.     },
22.     //可能有多个图文消息item结构
23.     ]
24. }
```

其他类型(图片、语音、视频)的返回结果如下:

```
1.  {
2.      "total_count": TOTAL_COUNT,
3.      "item_count": ITEM_COUNT,
4.      "item": [{
5.          "media_id": MEDIA_ID,
6.          "name": NAME,
7.          "update_time": UPDATE_TIME,
8.          "url":URL
9.      },
10.     //可能会有多个素材
11.     ]
12. }
```

表 8-35 对获取永久图文消息素材列表返回参数进行了说明。

表 8-35 获取永久图文消息素材列表返回参数说明

| 参数名称 | 描述 |
| --- | --- |
| total_count | 该类型的素材的总数 |
| item_count | 本次调用获取的素材的数量 |
| update_time | 这篇图文消息素材的最后更新时间 |
| name | 文件名称 |

错误情况下的返回 JSON 数据包示例如下(示例为无效媒体类型错误):
{"errcode":40007,"errmsg":"invalid media_id"}

## 8.5 高级群发接口

在公众平台网站上,订阅号具有每天一条的群发权限,服务号具有每月(自然月)4条的群发权限。而对于某些具备开发能力的公众号运营者,可以通过高级群发接口,实现更灵活的群发功能。根据标签进行群发,订阅号与服务号认证后均可用。

- 接口调用请求说明。

HTTP 请求方式:POST。

https://api.weixin.qq.com/cgi-bin/message/mass/sendall?access_token=ACCESS_TOKEN
POST 数据示例如下。

(1)图文消息(注意,图文消息的 media_id 需要通过上述方法来得到)。

```
1.  {
2.      "filter":{
```

```
3.        "is_to_all":false,
4.        "tag_id":2
5.    },
6.    "mpnews":{
7.        "media_id":"123dsdajkasd231jhksad"
8.    },
9.     "msgtype":"mpnews",
10.    "send_ignore_reprint":0
11. }
```

（2）文本。

```
1.  {
2.    "filter":{
3.        "is_to_all":false,
4.        "tag_id":2
5.    },
6.    "text":{
7.        "content":"CONTENT"
8.    },
9.     "msgtype":"text"
10. }
```

（3）语音（注意，此处的 media_id 需通过基础支持中的上传下载多媒体文件来得到）。

```
1.  {
2.    "filter":{
3.        "is_to_all":false,
4.        "tag_id":2
5.    },
6.    "voice":{
7.        "media_id":"123dsdajkasd231jhksad"
8.    },
9.     "msgtype":"voice"
10. }
```

（4）图片（注意，此处的 media_id 需通过基础支持中的上传下载多媒体文件来得到）。

```
1.  {
2.    "filter":{
3.        "is_to_all":false,
4.        "tag_id":2
5.    },
6.    "image":{
7.        "media_id":"123dsdajkasd231jhksad"
8.    },
9.     "msgtype":"image"
10. }
```

（5）视频。

请注意，此处视频的 media_id 需通过 POST 请求到下述接口得到：https://file.api.weixin.qq.com/cgi-bin/media/uploadvideo?access_token=ACCESS_TOKEN。POST 数据如下（此处的 media_id 需通过基础支持中的上传下载多媒体文件来得到）。

```
1.  {
2.    "media_id": "rF4UdIMfYK3efUfyoddYRMU50zMiRmmt_10kszupYh_SzrcW5Gaheq05p_lHuOTQ",
3.    "title": "TITLE",
```

```
4.    "description": "Description"
5. }
```
返回结果如下：
```
1. {
2.    "type":"video",
3.    "media_id":"IhdaAQXuvJtGzwwc0abfXnzeezfO0NgPK6AQYShD8RQYMTtfzbLd
   BIQkQziv2XJc",
4.    "created_at":1398848981
5. }
```
然后，POST 下述数据（将 media_id 改为上一步中得到的 media_id）即可进行发送。
```
1. {
2.    "filter":{
3.       "is_to_all":false,
4.       "tag_id":2
5.    },
6.    "mpvideo":{
7.       "media_id":"IhdaAQXuvJtGzwwc0abfXnzeezfO0NgPK6AQYShD8RQYMTtfzbLd
   BIQkQziv2XJc"
8.    },
9.    "msgtype":"mpvideo"
10. }
```
（6）卡券消息（注意，图文消息的 media_id 需要通过上述方法来得到）。
```
1. {
2.    "filter":{
3.       "is_to_all":false,
4.       "tag_id":"2"
5.    },
6.    "wxcard":{
7.          "card_id":"123dsdajkasd231jhksad"
8.        },
9.    "msgtype":"wxcard"
10. }
```
- 返回说明。

返回数据示例（正确时的 JSON 返回结果）：
```
1. {
2.    "errcode":0,
3.    "errmsg":"send job submission success",
4.    "msg_id":34182,
5.    "msg_data_id": 206227730
6. }
```

## 本章小结

本章详细介绍了微信公众平台的高级接口，包括客服接口、OAuth 2.0 网页授权接口、获取关注者列表接口、用户标签管理接口与素材管理接口。服务号和企业号通过微信认证后，能够获得所有高级接口权限。通过掌握高级接口的功能、使用方法等，读者能灵活运用于项目实战中。

# 第 9 章 天气预报应用实例

### 学习目标

- 了解微信接入框架的概念。
- 了解阿里云 API 的调用方法。
- 熟悉微信应用的开发流程。

通过微信公众号，可以实现生活应用类服务。本章以天气预报为例，系统地介绍生活类应用的开发流程与实现过程。首先在开发者模式下建立微信公众号的开发接入，然后将天气预报数据呈现给用户。天气预报数据呈现的大致过程是，通过访问阿里云 API 市场的免费天气接口获取到天气预报数据，然后将数据进行消息处理，最后在微信公众号上进行显示。

阿里云是提供基础软件、企业软件、网站建设、云安全、数据及 API、解决方案等的各类软件和服务的平台。其中，数据及 API 中有大量可以使用的数据接口，主要包括金融理财、电子商务、人工智能、生活服务、交通地利、气象水利、企业管理、公共事务等大的分类。本章使用的是气象水利中免费的天气预报 API 接口。阿里云通过 API 接口方式提供气象数据服务的官方载体。

## 9.1 微信接入框架

为方便微信公众平台的商家使用，网络上有一些流行的微信接入框架，有付费的，也有免费的，如 Weimob、微嗨（WeiHii）、Senparc 等。这里选用的是 Senparc 微信 SDK，这是一款开源的.NET 的微信接入框架，由苏州盛派网络科技有限公司研发出品，网址是 https://weixin.senparc.com/。

### 9.1.1 Senparc 介绍

Senparc.Weixin SDK 是由盛派网络（Senparc）团队自主研发的针对微信各模块的开发套件（C# SDK），已全面支持微信公众号、微信支付、企业号、开放平台、JS-SDK、摇一摇等模块。

Senparc 的业务主要有微信 SDK、微信开发问题社区、SDK WIKI 和供需平台 4 块内容。其中最主要的是微信 SDK，用户可以在微信 SDK 中下载所有的源代码以及 DEMO。

### 9.1.2 关键类说明

Senparc 微信框架 SDK 主要是指 Senparc.Weixin.MP，这是该框架的核心。SDK 已经涵盖了微信 6.x 的所有公共 API。例如，Entities/Request*.cs 用于接收微信平台自动发送到服务器的实体（发送过来的是 XML），包括文本、位置、图片 3 类；Entities/Response*.cs 用于反馈给发送人信息实体（最终会转成 XML），包括文本、新闻（图文）两类；Helpers/EntityHelper.cs 用于实体和 XML 之间的转换（由于其中有许多需要特殊处理的字段和类型，因此这里不能简单地用 XML 序列化）；Helpers/MsgTypeHelper.cs 用于获取消息类型；CheckSignature.cs 验证请求合法性类；Enums.cs 声明枚举；RequestMessageFactory.cs 用于自动生成不同 Request 类型的实体，并做必要的数据填充。

以下是在开发过程中常用的方法与类。

（1）生成验证字符串：Senparc.Weixin.MP.CheckSignature.GetSignature(string timestamp, string nonce, string token = null)，返回根据微信平台提供的数据、SHA1 加密后的验证字符串（注意，token 必须与公众平台的设置一致）。

（2）验证请求：Senparc.Weixin.MP.CheckSignature.Check(string signature, string timestamp, string nonce, string token = null)，验证请求是否合法。

（3）获取请求实体：var requestMessage = Senparc.Weixin.MP.RequestMessageFactory.GetRequestEntity(XDocument doc)，根据不同请求的类型，自动生成可用于操作的实体（doc 只需要用 XDocument.Parse(xmlString)就能生成），requestMessage.MsgType 就是请求枚举类型。

（4）进行判断及各类操作。

（5）根据需要创建响应类型的实体，如"var responseMessage=ResponseMessageBase.CreateFromRequestMessage(requestMessage, ResponseMsgType.Text) as ResponseMessageText;"，即可返回文本类型信息。

注：v0.6 版本以后，此方法可以简写为如下形式：

var responseMessage = CreateResponseMessage<ResponseMessageText>();

（6）由于目前微信只接收 XML 的返回数据，所以在返回之前还需要做一次转换：XDocument responseDoc = Senparc.Weixin.MP.Helpers.EntityHelper.ConvertEntityToXml(responseMessage); var xmlString = responseDoc.ToString();

（7）至此，整个微信公众号的自动响应过程结束。

### 9.1.3 引入说明

引入此 DLL 有两种方法：一种是复制 DLL 到项目某文件夹中，然后直接在项目中添加 Senparc.Weixin.MP.dll 及 Senparc.Weixin.MP.MvcExtension.dll 的引用（Senparc.Weixin.MP.MvcExtension.dll 只有 MVC 项目需要，WebForms 项目可以忽略）；另一种是使用 Nuget 直接安装到项目中，Nuget 项目地址是 https://www.nuget.org/packages/Senparc.Weixin.MP/，如果是第一次安装 Senparc.Weixin.MP 库，则在 PM>后面输入命令"Install-Package Senparc.Weixin.MP"，即可将 DLL 引入到项目。

## 9.2 天气接口

这里使用的是阿里云市场的 API 天气预报接口。人们需要了解如何登录云市场，如何购买接口数据，同时需要了解如何使用接口来获取想要的数据。

## 9.2.1 阿里云登录

要登录阿里云 https://www.aliyun.com，使用支付宝账号即可。登录之后找到云市场中的数据及 API 菜单，可以在上方的搜索框中搜索天气，也可以在左侧菜单中选择气象水利中的天气预报，打开天气预报的 API 接口，云市场页面如图 9-1 所示。

图 9-1 阿里云市场页面

单击天气预报可以查询到所有的 API 接口，按照价格排序，可以选择其中免费的服务进行购买，这里选择的是全国天气预报查询（免费版），可以免费调用 10000 次天气接口。

购买之后，阿里会向个人控制台发送购买成功通知，这时就可以使用这些 API 进行数据调用，此时在 API 商品列表中就有所购买的商品。在 API 商品列表最上面有两组关键的参数，一组是 AppKey 和 AppSecret，另一组是 AppCode。图 9-2 所示为两组关键参数。AppKey 与 AppSecret 是一个 APP（应用），相当于用户调用 API 时的身份，每个 APP 都有 AppKey 和 AppSecret 这样一对密钥对，密钥对通过加密计算后放入请求中作为签名信息，具体签名在 API 帮助上有详细说明，这里不再复述。

图 9-2 API 商品列表中的关键参数

另一个参数 AppCode 相当于 APP 的一个标志，也可以通过 AppCode 实现被调用接口的身份认证，获取访问相关 API 的调用权限。这种方式称为简单身份认证，这里的 API 使用的就是这种方式，具体方法是在请求 Header 中添加 Authorization 字段，配置 Authorization 字段的值为"APPCODE+半角空格+APPCODE 值"，如 Authorization: APPCODE 3F2504E04F8911D39A0C0305E82C3301，这里要特别注意的是半角空格。

### 9.2.2 接口使用

打开接口页面，页面上方是对接口的介绍，下方是 API，如图 9-3 所示。

图 9-3　API 接口页面

通过接口说明可以查询接口的相关参数，如请求方式为 GET，返回类型为 JSON，具体请求参数说明如表 9-1 所示。

表 9-1　参数说明

| 名称 | 类型 | 是否必须 | 描　　述 |
| --- | --- | --- | --- |
| city | STRING | 可选 | 城市（city、cityid、citycode 三者任选其一） |
| citycode | STRING | 可选 | 城市天气代号（city、cityid、citycode 三者任选其一） |
| cityid | STRING | 可选 | 城市 ID（city、cityid、citycode 三者任选其一） |

C#的具体应用，可以使用以下代码实现。

```
1.   private const String host = "http://jisutqybmf.market.alicloudapi.com";
2.          private const String path = "/weather/query";
3.          private const String method = "GET";
4.          private const String appcode = "你自己的AppCode";
5.
6.          static void Main(string[] args)
7.          {
8.              String querys = "city=%E5%AE%89%E9%A1%BA&citycode=citycode&cityid=cityid&ip=ip&location=location";
9.              String bodys = "";
10.             String url = host + path;
11.             HttpWebRequest httpRequest = null;
12.             HttpWebResponse httpResponse = null;
13.             if (0 < querys.Length)
```

```
14.            {
15.                url = url + "?" + querys;
16.            }
17.            if (host.Contains("https://"))
18.            {
19.                ServicePointManager.ServerCertificateValidationCallback = new RemoteCertificateValidationCallback(CheckValidationResult);
20.                httpRequest = (HttpWebRequest)WebRequest.CreateDefault(new Uri(url));
21.            }
22.            else
23.            {
24.                httpRequest = (HttpWebRequest)WebRequest.Create(url);
25.            }
26.            httpRequest.Method = method;
27.            httpRequest.Headers.Add("Authorization", "APPCODE " + appcode);
28.            if (0 < bodys.Length)
29.            {
30.                byte[] data = Encoding.UTF8.GetBytes(bodys);
31.                using (Stream stream = httpRequest.GetRequestStream())
32.                {
33.                    stream.Write(data, 0, data.Length);
34.                }
35.            }
36.            try
37.            {
38.                httpResponse = (HttpWebResponse)httpRequest.GetResponse();
39.            }
40.            catch (WebException ex)
41.            {
42.                httpResponse = (HttpWebResponse)ex.Response;
43.            }
44.            Console.WriteLine(httpResponse.StatusCode);
45.            Console.WriteLine(httpResponse.Method);
46.            Console.WriteLine(httpResponse.Headers);
47.            Stream st = httpResponse.GetResponseStream();
48.            StreamReader reader = new StreamReader(st, Encoding.GetEncoding("utf-8"));
49.            Console.WriteLine(reader.ReadToEnd());
50.            Console.WriteLine("\n");
51.        }
52.
53.        public static bool CheckValidationResult(object sender, X509Certificate certificate, X509Chain chain, SslPolicyErrors errors)
54.        {
55.            return true;
56.        }
```

返回的是 JSON 数据,正常返回示例如下:

```
1.  {
2.      "status": "0",
3.      "msg": "ok",
4.      "result": {
5.          "city": "安顺",
```

## 第 9 章　天气预报应用实例

```
6.      "cityid": "111",
7.      "citycode": "101260301",
8.      "date": "2015-12-22",
9.      "week": "星期二",
10.     "weather": "多云",
11.     "temp": "16",
12.     "temphigh": "18",
13.     "templow": "9",
14.     "img": "1",
15.     "humidity": "55",
16.     "pressure": "879",
17.     "windspeed": "14.0",
18.     "winddirect": "南风",
19.     "windpower": "2 级",
20.     "updatetime": "2015-12-22 15:37:03",
21.     "index": [
22.       {
23.         "iname": "空调指数",
24.         "ivalue": "较少开启",
25.         "detail": "您将感到很舒适，一般不需要开启空调。"
26.       },
27.       {
28.         "iname": "运动指数",
29.         "ivalue": "较适宜",
30.         "detail": "天气较好，无雨水困扰，较适宜进行各种运动，但因气温较低，在户外运动请注意增减衣物。"
31.       }
32.     ],
33.     "aqi": {
34.       "so2": "37",
35.       "so224": "43",
36.       "no2": "24",
37.       "no224": "21",
38.       "co": "0.647",
39.       "co24": "0.675",
40.       "o3": "26",
41.       "o38": "14",
42.       "o324": "30",
43.       "pm10": "30",
44.       "pm1024": "35",
45.       "pm2_5": "23",
46.       "pm2_524": "24",
47.       "iso2": "13",
48.       "ino2": "13",
49.       "ico": "7",
50.       "io3": "9",
51.       "io38": "7",
52.       "ipm10": "35",
53.       "ipm2_5": "35",
54.       "aqi": "35",
55.       "primarypollutant": "PM10",
56.       "quality": "优",
```

```
57.      "timepoint": "2015-12-09 16:00:00",
58.      "aqiinfo": {
59.        "level": "一级",
60.        "color": "#00e400",
61.        "affect": "空气质量令人满意,基本无空气污染",
62.        "measure": "各类人群可正常活动"
63.      }
64.    },
65.    "daily": [
66.      {
67.        "date": "2015-12-22",
68.        "week": "星期二",
69.        "sunrise": "07:39",
70.        "sunset": "18:09",
71.        "night": {
72.          "weather": "多云",
73.          "templow": "9",
74.          "img": "1",
75.          "winddirect": "无持续风向",
76.          "windpower": "微风"
77.        },
78.        "day": {
79.          "weather": "多云",
80.          "temphigh": "18",
81.          "img": "1",
82.          "winddirect": "无持续风向",
83.          "windpower": "微风"
84.        }
85.      }
86.    ],
87.    "hourly": [
88.      {
89.        "time": "16:00",
90.        "weather": "多云",
91.        "temp": "14",
92.        "img": "1"
93.      },
94.      {
95.        "time": "17:00",
96.        "weather": "多云",
97.        "temp": "13",
98.        "img": "1"
99.      }
100.   ]
101.  }
102. }
```

## 9.3 PM2.5 接口

### 9.3.1 接口规范

PM2.5 接口同样也是 API 市场上的免费接口。该接口是由昆明秀派科技有限公司提供

# 第 9 章 天气预报应用实例

的，每小时更新一次。空气质量指数提供实时空气质量情况，目前支持全国 367 个城市，服务支持功能包括实时查询空气质量、小时粒度；实时给出空气质量 AQI 指数，并给出空气质量级别和首要污染物。接口可以获取两种数据：一种是城市及监测点 PM2.5 指数，这是这里要使用的接口，如图 9-4 所示；另一种是全国空气质量 PM2.5 排行榜。

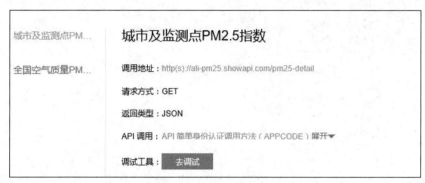

图 9-4　PM2.5 指数接口

## 9.3.2　接口使用

此接口的使用方法和天气预报接口的使用方法一致，具体应用到生产开发当中，可以对接口数据进行封装，使用 ShowapiRequest 实体对象来统一请求数据。具体代码如下：

```
1.  ShowapiRequest req= new ShowapiRequest( "请求地址,例如 http://ali-
    weather.showapi.com/area-to-weather","你的 AppCode" );
2.  String ret= req.addTextPara("para1_name","para1_value")
3.                 .addTextPara("para2_name","中文值,不用 urlencode")
4.                 .doGet();//如果是 post,则最后调用.doPost()
5.  Console.WriteLine(ret);
6.  Console.Read();
```

返回的是 JSON 数据，正常返回示例如下：

```
1.  {
2.    "showapi_res_code": 0,
3.    "showapi_res_error": "",
4.    "showapi_res_body": {
5.      "ret_code": 0,
6.      "pm": {
7.          "num": "1",        //排名
8.          "so2": "2",
9.          "o3": "96",         //臭氧 1 小时平均, μg/m³
10.         "area_code": "hangzhou",
11.         "pm2_5": "91",      //颗粒物(粒径小于等于 2.5μm)1 小时平均值, μg/m³
12.         "ct": "2017-05-06 16:19:26.556",          //发布时间
13.         "primary_pollutant": "颗粒物(PM10)",       //首要污染物
14.         "co": "0.28",        //一氧化碳 1 小时平均值, mg/m³
15.         "area": "杭州",       //城市名称
16.         "no2": "8",          //二氧化氮 1 小时平均值, μg/m³
17.         "aqi": "500",        //空气质量指数(AQI),即 air quality index,是定
    //量描述空气质量状况的无纲量指数
18.         "quality": "严重污染",  //空气质量指数类别,有"优、良、轻度污染、中度
```

```
                                //污染、重度污染、严重污染" 6 类
19.        "pm10": "841",       //颗粒物（粒径小于等于 10μm）1 小时平均值，μg/m³
20.        "o3_8h": "89"        //臭氧 8 小时滑动平均值，μg/m³
21.      },
22.      "siteList": [          //城市下属的监测点列表
23.        {
24.          "site_name": "万寿西宫",
25.          "co": "0.2",
26.          "so2": "2",
27.          "o3": "112",
28.          "no2": "8",
29.          "aqi": "59",
30.          "quality": "良",
31.          "pm10": "54",
32.          "pm2_5": "42",
33.          "o3_8h": "89",
34.          "primary_pollutant": "细颗粒物（PM2.5）",
35.          "ct": "2017-05-06 16:19:40.889"
36.        },
37.        {
38.          "site_name": "定陵",
39.          "co": "0.2",
40.          "so2": "2",
41.          "o3": "116",
42.          "no2": "2",
43.          "aqi": "52",
44.          "quality": "良",
45.          "pm10": "_",
46.          "pm2_5": "36",
47.          "o3_8h": "109",
48.          "primary_pollutant": "细颗粒物（PM2.5）",
49.          "ct": "2017-05-06 16:19:40.889"
50.        }
51.      ]
52.    }
53. }
```

## 9.4 功能设计

天气预报功能可以细分为天气预报和空气质量查询，用户在公众号内发送规定的文字信息，后台处理后将相关信息反馈给用户。

设计天气预报发送格式为"天气：城市名称"，如"天气：重庆"。用户只需要在输入框内输入"天气：重庆"，并发送至公众号，公众号就会将此消息经微信服务器转发到微信接入框架，而框架会根据请求的内容去调用天气 API，获取到天气信息数据，之后将天气信息数据进行处理，转换成规定的格式，最后通过微信公众号反馈给用户。具体流程如图 9-5 所示。

# 第 9 章　天气预报应用实例

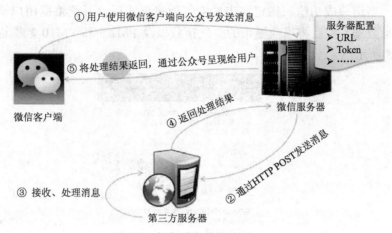

图 9-5　气象消息处理流程

气象消息的主要步骤有如下几步。

步骤一：用户使用微信客户端向公众号发送消息。

步骤二：微信服务器将接收到的消息通过 HTTP POST 将消息发送到第三方服务器。

步骤三：第三方服务器接收并处理消息。

步骤四：返回处理结果。判定用户发送来的消息，调用阿里云 API 接口，获取天气 JSON 数据，然后将数据模式化处理，准备发送。

步骤五：将处理结果返回，通过公众号呈现给用户，此时也是通过微信服务器进行转发的。

当用户输入的消息内容不符合格式要求时给予提示，具体如图 9-6 所示。

当用户成功输入指定的天气后，系统会根据用户输入的城市去获取天气信息，然后将当前城市的天气实况，以及未来 5 小时内的天气进行预报，具体返回信息如图 9-7 所示。

图 9-6　格式不正确时的提示

图 9-7　天气预报信息

同样，当用户成功输入指定城市的空气质量格式后，系统根据用户输入的城市去获取空气质量数据，然后将当前城市的空气指数以及 PM2.5 和 PM10 数据返回给用户，具体如图 9-8 所示。

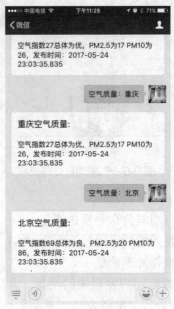

图 9-8 空气质量信息

## 9.5 开发实现

开发实现主要经过消息接收、阿里云 API 接口调用、接口数据处理、消息发送 4 个步骤来处理。

### 9.5.1 消息接收

消息接收使用的是 MVC 框架，关键的控制器是 WeixinController。从微信服务器发送过来的消息接收到消息解析，再到根据接收消息进行后台数据处理，再到消息发送，都是由该控制器中 Index 的 POST 方法完成的。也就是说，这是和微信服务器进行交互的关键点，将收到的 XML 文件经信息解析后根据不同类型进行相应的响应，把响应的数据再转换成 XML 发给微信服务器。

```
1.    /// <summary>
2.    /// 用户发送消息后，微信平台自动 POST 一个请求到这里，并等待响应 XML
3.    /// </summary>
4.    [HttpPost]
5.    [ActionName("Index")]
6.    public ActionResult Post(PostModel postModel)
7.    {
8.        if (!CheckSignature.Check(postModel.Signature, postModel.Timestamp, postModel.Nonce, Token))
9.        {
10.           return Content("参数错误！");
11.       }
```

```
12.         #region 打包 PostModel 信息
13.         postModel.Token = Token;//与自己后台的设置保持一致
14.         postModel.EncodingAESKey = EncodingAESKey;
                                            //与自己后台的设置保持一致
15.         postModel.AppId = AppId;//与自己后台的设置保持一致
16.         #endregion
17.         //v4.2.2 之后的版本,可以设置每个人上下文消息储存的最大数量,防止内存
    //占用过多,如果该参数小于等于 0,则不限制
18.         var maxRecordCount = 10;
19.         //自定义 MessageHandler,对微信请求进行的详细判断操作都在这里面
20.         var messageHandler = new CustomMessageHandler(Request.
    InputStream, postModel, maxRecordCount);
21.         try
22.         {
23.
24.             /* 如果需要添加消息去重功能,只需打开 OmitRepeatedMessage 功能,
    SDK 会自动处理
25.              * 收到重复消息通常是因为微信服务器没有及时收到响应,会持续发送
    2~5 条相同内容的 RequestMessage*/
26.             messageHandler.OmitRepeatedMessage = true;
27.             //执行微信处理过程
28.             messageHandler.Execute();
29.             return new FixWeixinBugWeixinResult(messageHandler);
    //为了解决 5.0 版本换行 Bug 暂时添加的方法,平时用下面一种方法即可
30.             //return new WeixinResult(messageHandler);
31.         }
32.         catch (Exception ex)
33.         {
34.             #region 异常处理
35.             WeixinTrace.Log("MessageHandler 错误: {0}", ex.Message);
36.             using (TextWriter tw = new StreamWriter(Server.MapPath
    ("~/App_Data/Error_" + _getRandomFileName() + ".txt")))
37.             {
38.                 tw.WriteLine("ExecptionMessage:" + ex.Message);
39.                 tw.WriteLine(ex.Source);
40.                 tw.WriteLine(ex.StackTrace);
41.                 if (messageHandler.ResponseDocument != null)
42.                 {
43.                     tw.WriteLine(messageHandler.ResponseDocument.
    ToString());
44.                 }
45.                 if (ex.InnerException != null)
46.                 {
47.                     tw.WriteLine("======= InnerException =======");
48.                     tw.WriteLine(ex.InnerException.Message);
49.                     tw.WriteLine(ex.InnerException.Source);
50.                     tw.WriteLine(ex.InnerException.StackTrace);
51.                 }
52.                 tw.Flush();
53.                 tw.Close();
54.             }
55.             return Content("");
```

```
56.            #endregion
57.         }
58.     }
```

上述代码中，messageHandler 对象的 CustomMessageHandler 类是 Senparc 框架中 MessageHandler 基类的继承类，就是在这个类里去实现消息的解析判定的。人们可以根据不同的类型进行不同后台操作，如接收到图片的操作方法为 OnImageRequest，音频为 OnVoiceRequest，对于本例的文本操作，具体使用的判定方法为处理文字请求的 OnTextRequest 方法。具体实现如下：

```
1.  public override IResponseMessageBase OnTextRequest(RequestMessageText requestMessage)
2.  {
3.       //可参考OnLocationRequest方法或/Service/LocationSercice.cs
4.
5.       var responseMessage = base.CreateResponseMessage<ResponseMessageNews>();
6.       string sendcontent = requestMessage.Content;
7.       string cityname = sendcontent.Substring(sendcontent.IndexOf(':') + 1);
8.       string substr = "";
9.       if (sendcontent.IndexOf(':') != -1)
10.          substr = sendcontent.Substring(0, sendcontent.IndexOf(':'));
11.      //Log.Debug("获取到响应及解析: ", sendcontent + ";" + cityname // + ":" + substr);
12.      switch (substr)
13.      {
14.          case "天气":
15.              ALiMessageHandler.ForcastGet(responseMessage, cityname);
16.              break;
17.          case "空气质量":
18.              ALiMessageHandler.PMGet(responseMessage, cityname);
19.              break;
20.          default:
21.              responseMessage.Articles.Add(new Article()
22.              {
23.                  Title = "预报格式为：天气:城市名称；空气质量:城市名称。",
24.                  Description = "您发送的内容是: " + sendcontent,
25.                  PicUrl = "",
26.                  Url = ""
27.              });
28.              break;
29.      }
30.
31.      return responseMessage;
32.  }
```

这里使用了两个关键的类实体：一个是 requestMessage，另一个是 responseMessage。前者是请求消息实体，也就是用户发过来的消息实体；后者为发送消息实体。具体过程：首先判断属性 MsgType 的类型是否为 Text，确定为文本信息消息后用属性 Content 获取用户发来的消息，并将这些消息的内容进行选择判定；然后判断是否有天气或空气质量字样，

# 第 9 章 天气预报应用实例

如果有，则进入阿里云调用接口，如果没有则输出提示内容。

## 9.5.2 API 接口调用

当判断发送过来的消息的格式为"天气：城市名称"或"空气质量：城市名称"时，则调用阿里云 API 获取天气或空气质量数据。调用阿里云 API 需要确定调用接口的方法及相关参数，调用 API 接口可以使用一个独立的项目 api-gateway-demo-sign-net，关键是可以使用其中的 ShowapiRequest 类，此类可以实现 HTTP 的 GET 和 POST 方法，核心代码如下：

```
1.   public String doImagePost()
2.       {
3.           Dictionary<String, String> headers = new Dictionary<string, string>();
4.           headers.Add(HttpHeader.HTTP_HEADER_CONTENT_TYPE, ContentType.CONTENT_TYPE_JSON);
5.           headers.Add(HttpHeader.HTTP_HEADER_ACCEPT, ContentType.CONTENT_TYPE_JSON);
6.           headers.Add("Authorization", "APPCODE " + this.appcode);
7.
8.           String ret = "";
9.           using (HttpWebResponse response = HttpUtil.HttpPost(this.host, this.path, this.appcode, this.readTimeout, headers, null, this.bodys))
10.          {
11.              //Console.WriteLine(response.StatusCode);
12.              //Console.WriteLine(response.Method);
13.              //Console.WriteLine(response.Headers);
14.              Stream st = response.GetResponseStream();
15.              StreamReader reader = new StreamReader(st, Encoding.GetEncoding("utf-8"));
16.              ret = reader.ReadToEnd() + Constants.LF;
17.
18.          }
19.          return ret;
20.      }
```

## 9.5.3 接口数据处理

使用 ALiMessageHandler 类来处理天气报务，其中，方法 ForcastGet(responseMessage, cityname)用于获取天气预报，方法 PMGet(responseMessage, cityname)用于获取空气质量。下面以获取天气预报为例，将 API 获取到的 JSON 数据转换成 JObject，根据返回的不同格式来转换对象数据或对象。具体代码如下：

```
1.   public class ALiMessageHandler
2.       {
3.           /// <summary>
4.           /// 天气预报数据调用
5.           /// </summary>
6.           /// <param name="rmn"></param>
7.           /// <param name="cityname"></param>
8.           public static void ForcastGet(ResponseMessageNews rmn, String cityname)
9.           {
10.              ShowapiRequest req = new ShowapiRequest("http://jisutqybmf.market.alicloudapi.com", "/weather/query",
```

```
11.            "4ee9e3121f6d4b349c8 c51412e33eb7f");
12.            String ret = req.addTextPara("city", cityname).doGet();
                                 //如果是POST，则最后调用.doPost()
13.
14.            //Log.Debug("获取到的JOSN串：", ret);
15.            JObject jo = JObject.Parse(ret);
16.            //JObject jo = (JObject)JsonConvert.DeserializeObject(ret);
17.            string msg = jo["msg"].ToString();
18.
19.            if (msg == "ok")
20.            {
21.                //总结果
22.                var result = jo["result"];
23.                //指数
24.                var index = (JArray)result["index"];
25.                //hourly
26.                var hourly = (JArray)result["hourly"];
27.                string city = jo["result"]["city"].ToString();
28.                string content = city + "天气预报:";
29.               content = content + "[实况]温度" + result["temp"].ToString()
    + "度，湿度" + result["humidity"].ToString();
30.
31.                //ResponseMessageNews rmn = new ResponseMessageNews();
32.                //rmn.Content = "这里是正文内容，一共将发2条Article。";
33.                rmn.Articles.Add(new Article()
34.                {
35.                    Title = city + "天气预报：",
36.                    Description = "",
37.                    PicUrl = "",
38.                    Url = ""
39.                });
40.                string runtime = "[实况]温度" + result["temp"].ToString()
    + "度，湿度" + result["humidity"].ToString() + " ";
41.                runtime = runtime + result["winddirect"].ToString() + "
    " + result["windpower"].ToString() + "发布时间：" + result["updatetime"].
    ToString();
42.                rmn.Articles.Add(new Article()
43.                {
44.                    Title = runtime,
45.                    Description = "11",
46.                    PicUrl = "",
47.                    Url = ""
48.                });
49.                int i = 0;
50.                foreach (JObject aa in hourly)
51.                {
52.                    string str1 = "时间：" + aa["time"].ToString() + "，"
    + aa["weather"].ToString() + "，温度" + aa["temp"].ToString();
53.                    string pathstr = "WXProxy/icon/weathercn/" + aa["img"].
    ToString() + ".png";
54.                    rmn.Articles.Add(new Article()
55.                    {
```

```
56.                         Title = str1,
57.                         Description = "22",
58.                         PicUrl = "http://www.xxxxxx.com/" + pathstr,
59.                         Url = ""
60.                     });
61.                     i = i + 1;
62.                     if (i == 5)
63.                         break;
64.                 }
65.             }
66.             else
67.             {
68.                 rmn.Articles.Add(new Article()
69.                 {
70.                     Title = "天气预报格式为：天气：城市名称，如天气：重庆。",
71.                     Description = "您发送的内容是：天气：" + cityname + " " + msg,
72.                     PicUrl = "",
73.                     Url = ""
74.                 });
75.             }
76.
77.         }
78. }
```

### 9.5.4  消息发送

消息发送是将处理后的结果通过微信公众平台发给用户，主要工作是将消息封装成 responseMessage 对象，它是继承 ResponseMessageBase 基类对象的。此对象包括文本、图文、声音、位置、视频等类型的消息。通过 OnTextRequest 方法（此方法在 9.5.1 小节的消息接收中有介绍）返回 responseMessage，再将框架的处理结果 XML 发送到微信服务器，由微信服务器发送给用户，完成消息的响应。

IResponseMessageBase 接口和 ResponseMessageBase 抽象类的具体代码如下：

```
1.  namespace Senparc.Weixin.Entities
2.  {
3.      /// <summary>
4.      /// 响应回复消息基类接口
5.      /// </summary>
6.      public interface IResponseMessageBase : IMessageBase
7.      {
8.          //ResponseMsgType MsgType { get; }
9.          //string Content { get; set; }
10.         //bool FuncFlag { get; set; }
11.     }
12.
13.     /// <summary>
14.     /// 响应回复消息基类
15.     /// </summary>
16.     public abstract class ResponseMessageBase : MessageBase, IResponseMessageBase
17.     {
18.         //public virtual ResponseMsgType MsgType
```

```
19.         //{
20.         //     get { return ResponseMsgType.Text; }
21.         //}
22.     }
23. }
```

再使用 Senparc.Weixin.MP.Entities 命名空间的 IResponseMessageBase 来继承接口，用 ResponseMessageBase 基类实现抽象类 ResponseMessageBase。

```
1.  namespace Senparc.Weixin.MP.Entities
2.  {
3.      public interface IResponseMessageBase : Weixin.Entities.IResponseMessageBase
4.      {
5.          ResponseMsgType MsgType { get; }
6.          //string Content { get; set; }
7.          //bool FuncFlag { get; set; }
8.      }
9.
10.     /// <summary>
11.     /// 微信公众号响应回复消息基类
12.     /// </summary>
13.     public class ResponseMessageBase : Weixin.Entities.ResponseMessageBase, IResponseMessageBase
14.     {
15.         public virtual ResponseMsgType MsgType
16.         {
17.             get { return ResponseMsgType.Text; }
18.         }
19.         //public string Content { get; set; }
20.         //public bool FuncFlag { get; set; }
21.
22.         /// <summary>
23.         /// 获取响应类型实例，并初始化
24.         /// </summary>
25.         /// <param name="requestMessage">请求</param>
26.         /// <param name="msgType">响应类型</param>
27.         /// <returns></returns>
28.         [Obsolete("建议使用CreateFromRequestMessage<T>(IRequestMessageBase requestMessage)取代此方法")]
29.         private static ResponseMessageBase CreateFromRequestMessage(IRequestMessageBase requestMessage, ResponseMsgType msgType)
30.         {
31.             ResponseMessageBase responseMessage = null;
32.             try
33.             {
34.                 switch (msgType)
35.                 {
36.                     case ResponseMsgType.Text:
37.                         responseMessage = new ResponseMessageText();
38.                         break;
39.                     case ResponseMsgType.News:
40.                         responseMessage = new ResponseMessageNews();
41.                         break;
```

```
42.                    case ResponseMsgType.Music:
43.                        responseMessage = new ResponseMessageMusic();
44.                        break;
45.                    case ResponseMsgType.Image:
46.                        responseMessage = new ResponseMessageImage();
47.                        break;
48.                    case ResponseMsgType.Voice:
49.                        responseMessage = new ResponseMessageVoice();
50.                        break;
51.                    case ResponseMsgType.Video:
52.                        responseMessage = new ResponseMessageVideo();
53.                        break;
54.                    case ResponseMsgType.Transfer_Customer_Service:
55.                        responseMessage = new ResponseMessageTransfer_Customer_Service();
56.                        break;
57.                    case ResponseMsgType.NoResponse:
58.                        responseMessage = new ResponseMessageNoResponse();
59.                        break;
60.                    default:
61.                        throw new UnknownRequestMsgTypeException(string.Format("ResponseMsgType 没有为 {0} 提供对应处理程序。", msgType), new ArgumentOutOfRangeException());
62.                }
63.
64.                responseMessage.ToUserName = requestMessage.FromUserName;
65.                responseMessage.FromUserName = requestMessage.ToUserName;
66.                responseMessage.CreateTime = DateTime.Now;  //使用当前最新时间
67.
68.            }
69.            catch (Exception ex)
70.            {
71.                throw new WeixinException("CreateFromRequestMessage 过程发生异常", ex);
72.            }
73.
74.            return responseMessage;
75.        }
76.
77.        /// <summary>
78.        /// 获取响应类型实例,并初始化
79.        /// </summary>
80.        /// <typeparam name="T">需要返回的类型</typeparam>
81.        /// <param name="requestMessage">请求数据</param>
82.        /// <returns></returns>
83.        public static T CreateFromRequestMessage<T>(IRequestMessageBase requestMessage) where T : ResponseMessageBase
84.        {
85.            try
86.            {
87.                var tType = typeof(T);
88.                var responseName = tType.Name.Replace("ResponseMessage", "");  //请求名称
```

```csharp
89.                ResponseMsgType msgType = (ResponseMsgType)Enum.Parse
    (typeof(ResponseMsgType), responseName);
90.                return CreateFromRequestMessage(requestMessage, msgType) as T;
91.            }
92.            catch (Exception ex)
93.            {
94.                throw new WeixinException("ResponseMessageBase.Create
    FromRequestMessage<T>过程发生异常！", ex);
95.            }
96.        }
97.
98.        /// <summary>
99.        /// 从返回结果 XML 转换成 IResponseMessageBase 实体类
100.       /// </summary>
101.       /// <param name="xml">返回给服务器的 Response Xml</param>
102.       /// <returns></returns>
103.       public static IResponseMessageBase CreateFromResponseXml
    (string xml)
104.       {
105.           try
106.           {
107.               if (string.IsNullOrEmpty(xml))
108.               {
109.                   return null;
110.               }
111.
112.               var doc = XDocument.Parse(xml);
113.               ResponseMessageBase responseMessage = null;
114.               var msgType = (ResponseMsgType)Enum.Parse(typeof
    (ResponseMsgType), doc.Root.Element("MsgType").Value, true);
115.               switch (msgType)
116.               {
117.                   case ResponseMsgType.Text:
118.                       responseMessage = new ResponseMessageText();
119.                       break;
120.                   case ResponseMsgType.Image:
121.                       responseMessage = new ResponseMessageImage();
122.                       break;
123.                   case ResponseMsgType.Voice:
124.                       responseMessage = new ResponseMessageVoice();
125.                       break;
126.                   case ResponseMsgType.Video:
127.                       responseMessage = new ResponseMessageVideo();
128.                       break;
129.                   case ResponseMsgType.Music:
130.                       responseMessage = new ResponseMessageMusic();
131.                       break;
132.                   case ResponseMsgType.News:
133.                       responseMessage = new ResponseMessageNews();
134.                       break;
135.                   case ResponseMsgType.Transfer_Customer_Service:
136.                       responseMessage = new ResponseMessageTransfer_
    Customer_Service();
```

```
137.                        break;
138.                  }
139.
140.                  responseMessage.FillEntityWithXml(doc);
141.                  return responseMessage;
142.            }
143.            catch (Exception ex)
144.            {
145.                  throw new WeixinException("ResponseMessageBase.CreateFromResponseXml<T>过程发生异常！" + ex.Message, ex);
146.            }
147.       }
148.    }
149. }
```

## 本章小结

本章开始进入实践应用阶段，以最简单的生活类应用作为示例进行介绍，先介绍微信接入的 Spenparc 框架，然后结合阿里云的天气 API 获取天气数据，对天气数据做格式化处理后将用户发送的消息进行即时反馈。

通过本章的学习，读者应该对微信应用开发的流程有一个清晰的认识，如微信的接入方法、响应，以及常规流程。

## 动手实践

结合给出的公众平台代码，运用微信公众平台自定义菜单接口的方法以及阿里云的 API 接口来模拟实现公众平台的人脸识别功能。人脸识别可以使用阿里云市场的 API 接口，现在是免费申请使用，分为 4 个接口：人脸关键点提取、人脸性别识别、人脸年龄识别和人脸特征提取。大家可根据自己的兴趣选择一个接口，感受一下人工智能的魅力。图 9-9 所示为各人脸识别技术接口的截图。

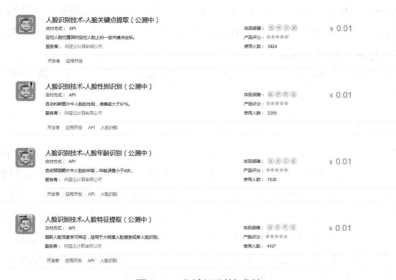

图 9-9　人脸识别技术接口

# 第 10 章 游戏开发应用实例

## 学习目标

- 了解游戏开发的过程。
- 掌握游戏开发的功能设计。
- 熟悉微信游戏开发的实现方法。

微信可以说是人们日常生活中必不可少的社交聊天软件了,我们几乎每天都会使用微信,而微信的功能也在不断地完善与丰富。今天来介绍与之相关的微信游戏,大部分的微信游戏都利用微信中丰富的人脉关系,玩家通过对战比分获得更大的愉悦感。现在我们就来感受一下微信游戏吧!

## 10.1 项目介绍

本章介绍的微信游戏是一款相对简单的拍蚊子大作战游戏,通过此游戏可以锻炼玩家的手眼结合速度,协调能力强者得高分。接下来介绍这款游戏在微信公众平台上实现的过程。

### 10.1.1 游戏规则

(1)游戏限时 20 s,一次只能拍打一只蚊子,从最下方开始拍打。

(2)玩家打开游戏并点击"准备,上"按钮后,开始计时。页面上生成随机的蚊子,蚊子位于页面的格子当中,每一行中有 4 个格子,一行中只有一只蚊子,但蚊子位置不固定,玩家需要从最下方开始拍蚊子,中间不可跳过没拍死的蚊子,拍死一只蚊子,页面就在最上方生成一行带有蚊子的格子行。

(3)游戏结束的两种情况:一是时间到,游戏结束;二是将拍子打在没有蚊子的格子上,游戏结束。

### 10.1.2 核心流程

该游戏的核心流程主要是拍打蚊子的过程。首先游戏初始化带有蚊子的格子页面,用户拍打蚊子时开始计数;然后随着蚊子不断被拍死,在上方不断出现新的带有蚊子的 4 个格子的新行,同时还需要记录玩家拍死的蚊子个数,当然整个过程的计时方法是不可缺少的;最后,时间到或打到没蚊子的格子上,游戏结束。由此可见,需要几个关键的方法来实现游戏:一是生成蚊子的方法,用来不断生成一行 4 个格式的蚊子;二是计数的方法;三是计时的方法;四是根据拍死蚊子数判断结果的方法;五是游戏结束的触发方法。当然在游戏过程中还会涉及一些音乐的加载、图片的加载等常规方法。

## 10.2 功能设计

在微信公众平台上实现游戏开发和在手机端实现页面游戏类似,唯一的区别是,在微信公众平台上可以获取用户的一些信息,也可以实现分享功能。如果游戏需要付费的话,可以实现微信支付的一体化功能。本游戏只是简单地获取用户信息,游戏结束时为用户展示战果。

### 10.2.1 获取用户信息

在页面上获取用户信息首先需要使用 OAuth 2.0 授权(第 8 章 8.2 小节有详细介绍)以获取一个 code,然后通过 code 换取网页授权参数 access_token,最后根据网页授权参数 access_token 和 openid 获取用户基本信息,获取到的用户信息在游戏结束时使用。

### 10.2.2 游戏功能

拍蚊子游戏主要包括游戏启动、蚊子飞出、蚊子计数、游戏结束这几个功能块,游戏功能主要使用 JS 来控制实现。

游戏启动时要准备相应的场景,如图片加载、音乐加载、页面加载、字体根据屏幕适配等,确保用户开始时可以快速地进入游戏状态。启动过程中也需要获取用户的信息,以便后面显示结果时使用。在启动过程中主要使用 JS 来初始化页面以及控制样式,使用 CreateJS 框架来实现音频文件的加载,同时使用微信的 JS-SDK 获取用户信息。

蚊子飞出功能主要是,用户开始游戏时为保证游戏的连续性,从上方不断地生成 4 个格子的新行,格子中随机出现一个蚊子。蚊子计数功能相对要简单一些,用户的每一次拍打,只要拍打到蚊子,拍打的蚊子数加一,游戏结束时给出最后的拍死蚊子的数量。游戏结束则有两种情况,一种是时间到,另一种是没打到蚊子,触发任意一种就结束游戏。

## 10.3 功能实现

### 10.3.1 游戏启动

玩家点击微信公众平台上的菜单找到拍蚊子游戏,点击进入游戏,游戏开始启动。启动过程主要是通过运行页面的初始化 JS 脚本进行页面渲染,主要使用 init 方法,具体如下。

```
1.   function init(argument) {
2.          showWelcomeLayer();
3.          body = document.getElementById('gameBody') || document.body;
4.          body.style.height = window.innerHeight + 'px';
5.          transform = typeof (body.style.webkitTransform) != 'undefined' ? 'webkitTransform' : (typeof (body.style.msTransform) != 'undefined' ? 'msTransform' : 'transform');
6.          transitionDuration = transform.replace(/ransform/g, 'ransitionDuration');
7.
8.          GameTimeLayer = document.getElementById('GameTimeLayer');
9.          GameLayer.push(document.getElementById('GameLayer1'));
10.         GameLayer[0].children = GameLayer[0].querySelectorAll('div');
11.         GameLayer.push(document.getElementById('GameLayer2'));
12.         GameLayer[1].children = GameLayer[1].querySelectorAll('div');
```

```
13.            GameLayerBG = document.getElementById('GameLayerBG');
14.            if (GameLayerBG.ontouchstart === null) {
15.                GameLayerBG.ontouchstart = gameTapEvent;
16.            } else {
17.                GameLayerBG.onmousedown = gameTapEvent;
18.                document.getElementById('landscape-text').innerHTML =
   '点我开始pia蚊虫';
19.                document.getElementById('landscape').onclick = winOpen;
20.            }
21.            gameInit();
22.            window.addEventListener('resize', refreshSize, false);
23.
24.        var rtnMsg = "true";
25.
26.        setTimeout(function(){
27.            if(rtnMsg == 'false'){
28.                var btn = document.getElementById('ready-btn');
29.                btn.className = 'btn';
30.                btn.innerHTML = '蚊子已经快被你pia成稀有物种了,手下留情啊！'
31.            }else{
32.                var btn = document.getElementById('ready-btn');
33.                btn.className = 'btn';
34.                btn.innerHTML = ' 预备，上！'
35.                btn.style.backgroundColor = '#F00';
36.                btn.onclick = function(){
37.                    closeWelcomeLayer();
38.                }
39.            }
40.        }, 500);
41.    }
```

开始界面效果如图 10-1 所示。

单击"预备，上！"按钮后的界面如图 10-2 所示。

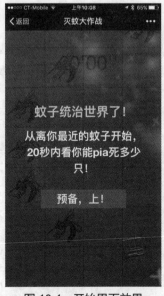

图 10-1 开始界面效果

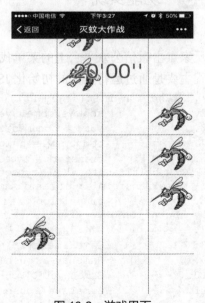

图 10-2 游戏界面

## 10.3.2 蚊子飞出

游戏开始时,玩家不断地拍蚊子,新的蚊子就需要不断地产生,使用 gameLayerMoveNextRow 方法来不断地移动行,此方法调用 refreshGameLayer 方法。

```
1.  function refreshGameLayer(box, loop, offset) {
2.          var i = Math.floor(Math.random() * 1000) % 4 + (loop ? 0 : 4);
3.          for (var j = 0; j < box.children.length; j++) {
4.              var r = box.children[j],
5.                  rstyle = r.style;
6.              rstyle.left = (j % 4) * blockSize + 'px';
7.              rstyle.bottom = Math.floor(j / 4) * blockSize + 'px';
8.              rstyle.width = blockSize + 'px';
9.              rstyle.height = blockSize + 'px';
10.             r.className = r.className.replace(_clearttClsReg, '');
11.             if (i == j) {
12.                 _gameBBList.push({ cell: i % 4, id: r.id });
13.                 r.className += ' t' + (Math.floor(Math.random()*1000) % 5 + 1);
14.                 r.notEmpty = true;
15.                 i = (Math.floor(j / 4) + 1) * 4 + Math.floor(Math.random() * 1000) % 4;
16.             } else {
17.                 r.notEmpty = false;
18.             }
19.         }
20.         if (loop) {
21.             box.style.webkitTransitionDuration = '0ms';
22.             box.style.display = 'none';
23.             box.y = -blockSize * (Math.floor(box.children.length / 4) + (offset || 0)) * loop;
24.             setTimeout(function () {
25.                 box.style[transform] = 'translate3D(0,' + box.y + 'px,0)';
26.                 setTimeout(function () {
27.                     box.style.display = 'block';
28.                 }, 100);
29.             }, 200);
30.         } else {
31.             box.y = 0;
32.             box.style[transform] = 'translate3D(0,' + box.y + 'px,0)';
33.         }
34.         box.style[transitionDuration] = '150ms';
35.     }
36.     function gameLayerMoveNextRow() {
37.         for (var i = 0; i < GameLayer.length; i++) {
38.             var g = GameLayer[i];
39.             g.y += blockSize;
40.             if (g.y > blockSize * (Math.floor(g.children.length / 4))) {
41.                 refreshGameLayer(g, 1, -1);
42.             } else {
```

```
43.                    g.style[transform] = 'translate3D(0,' + g.y + 'px,0)';
44.                }
45.            }
46.        }
```

拍蚊子界面如图 10-3 所示。

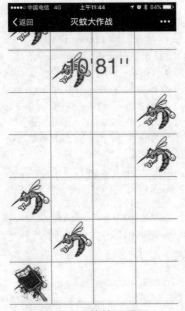

图 10-3  拍蚊子界面

### 10.3.3  蚊子计数

蚊子计数是在拍蚊子过程中进行的，这个过程会调用 gameTapEvent 事件方法，计数是先判断游戏是否结束，然后使用_gameScore 进行计数。

```
1.        function gameTapEvent(e) {
2.            if (_gameOver) {
3.                return false;
4.            }
5.            var tar = e.target;
6.            var y = e.clientY || e.targetTouches[0].clientY,
7.                x = (e.clientX || e.targetTouches[0].clientX) - body.offsetLeft,
8.                p = _gameBBList[_gameBBListIndex];
9.            if (y > touchArea[0] || y < touchArea[1]) {
10.               return false;
11.           }
12.           if ((p.id == tar.id && tar.notEmpty) || (p.cell == 0 && x < blockSize) || (p.cell == 1 && x > blockSize && x < 2 * blockSize) || (p.cell == 2 && x > 2 * blockSize && x < 3 * blockSize) || (p.cell == 3 && x > 3 * blockSize)) {
13.               if (!_gameStart) {
14.                   gameStart();
15.               }
16.               createjs.Sound.play("tap");
17.               tar = document.getElementById(p.id);
18.               tar.className = tar.className.replace(_ttreg, ' tt$1');
```

```
19.            _gameBBListIndex++;
20.            _gameScore++;
21.            gameLayerMoveNextRow();
22.        } else if (_gameStart && !tar.notEmpty) {
23.            createjs.Sound.play("err");
24.            gameOver();
25.            tar.className += ' bad';
26.        }
27.        return false;
28.    }
```

### 10.3.4 游戏结束

游戏结束有两种情况:一是游戏时间到,二是玩家拍错地方。前者需要使用一个计时器进行计时,时间一到就停止游戏。后者需要在玩家每一次拍打时进行一个判断,判断是否打在蚊子上,如果不是则游戏结束。

主要代码如下:

```
1. function gameOver() {
2.        _gameOver = true;
3.        clearInterval(_gameTime);
4.        setTimeout(function () {
5.            GameLayerBG.className = '';
6.            showGameScoreLayer();
7.        }, 1500);
8.    }
```

根据用户拍蚊子的数量显示不同的内容:

```
1. function showGameScoreLayer() {
2.        var l = document.getElementById('GameScoreLayer');
3.        var c = document.getElementById(_gameBBList[_gameBBListIndex - 1].id).className.match(_ttreg)[1];
4.        l.className = l.className.replace(/bgc\d/, 'bgc' + c);
5.        document.getElementById('GameScoreLayer-text').innerHTML = shareText(_gameScore);
6.        document.getElementById('GameScoreLayer-score').innerHTML = '得分  ' + _gameScore;
7.        var bast = cookie('bast-score');
8.        if (!bast || _gameScore > bast) {
9.            bast = _gameScore;
10.           cookie('bast-score', bast, 100);
11.       }
12.       document.getElementById('GameScoreLayer-bast').innerHTML = '最佳  ' + bast;
13.       l.style.display = 'block';
14.       window.shareData.tTitle = '我pia死了' + _gameScore + '个小蚊子,不服来挑战!!!';
15.   }
16. function shareText(score) {
17.       if (score <= 49)
18.           return '一夜pia了'+score+'只蚊子!<br/>亲爱的,你知道自己为什么贫血了吧!还需加油哦!';
19.       if (score <= 99)
20.           return '酷!一夜pia了'+score+'只蚊子!<br/>好棒哦!蚊香杀虫剂什么的都弱爆了.';
```

```
21.            if (score <= 149)
22.                 return '帅呆了！一夜pia了'+score+'只蚊子!<br/>方圆100里以内的蚊子全部被你赶尽杀绝了!';
23.            if (score <= 199)
24.                 return '太牛了！一夜pia了'+score+'只蚊子!<br/>蚊子就要灭绝了,阿弥陀佛罪过罪过.';
25.
26.                 return '膜拜ing! 一夜pia了'+score+'只蚊子!<br/>亲，我想你不是地球人!再也没人能超越你了!';
27.            }
```

游戏结束界面如图 10-4 所示。

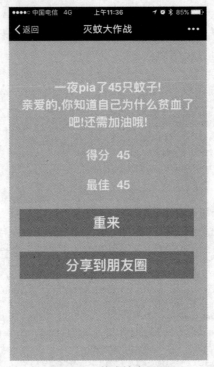

图 10-4　游戏结束界面

## 本章小结

本章首先介绍了微信公众平台游戏开发的基本思路，然后以一个简单的拍蚊子大战为例介绍如何来实现微信游戏。先从游戏规则和核心流程分析游戏功能，再分析具体的动作方法，一步一步实现小游戏的开发。

通过本章的学习，读者应该对微信公众平台游戏开发有了一定的了解，能够充分理解如何获取用户信息，如何通过自定义菜单来实现游戏的部署，能够使用网页来开发简单的游戏。

## 动手实践

结合给出的公众平台菜单，运用微信公众平台自定义菜单接口的方法来模拟实现一个

# 第⑩章 游戏开发应用实例

水果忍者的游戏。

具体如图 10-5 所示,参考代码会附在资源网站上。

图 10-5 水果忍者游戏

# 第11章 微商城综合实例

## 学习目标

- 了解微商城的概念。
- 掌握功能设计、数据库设计的方法。
- 熟悉微商城的开发实现过程。

随着微信公众平台的不断发展，一些电商企业将自己的网上商城通过微信公众平台进行营销和管理，如京东商城、苏宁易购等。本章将在微信公众平台上实现一个功能简单的微商城，让用户通过微信公众平台购买自己喜爱的商品。

## 11.1 项目介绍

微商城比之前介绍的微信小店具有更强的灵活性，商家可以根据自己的需求去定制商城的风格。本章的这个微商城是以衣服为主打商品进行微信营销的，用户通过关注微信公众号，成为微商城会员，可以在微商城查询需要的商品，查出的商品以列表形式进行展示。用户通过查看商品详情确定是否要进行购买，也可以通过分类的模式去查找自己喜欢的商品。

## 11.2 功能设计

微信公众平台上的微商城和传统的电商模式差不多，主要需要考虑两个方面的问题：一是微商城和微信用户直接对接；二是微商城自成体系，能够实现购物功能。

### 11.2.1 微商城的功能

微商城主要有商品首页、商品分类、购物车、我的商城4个功能模块。4个模块以图文形式出现在最下方的菜单栏里，可以方便跳转。

#### 1. 商城首页

打开微商城，默认进入到商城的首页，首页上可以查询需要的商品，也可以向下滑动查看商品，点击可以查看商品的明细信息。首页分为4块内容，从上到下依次划分：最上面为查询入口，用户可以查询自己想要购买的商品，然后进入查询结果页面，同时查询入口的左右分别有二维码信息和消息显示；第二块为动态滚动营销活动图片展示，点击可以查看当前正在营销的明细信息；第三块内容是推广内容，将一些有吸引力的、首发的商品置于此处，方便用户快速找到想要的商品；第四块内容是猜您喜欢部分，以列表形式展示一些商品图片、描述、价格、月销量等信息，此列表可以向下滑动，页面不断加载商品信息,方便消费者选购。

#### 2. 商品分类

商品分类主要是方便消费者能快速地找到需要购买的同类商品,将此商品分类设计为三级。分类页面是左右布局,左边是分类的第一大类,点击左边的大类,右面页面显示出这个大类下的子类,如点击"女士服装"大类,则在右边显示"当季流行""连衣裙"等子类。子类当中也有第三级分类,如"当季流行"下面有"韩风""欧式"等子类,点击其中一个子类就可以进入当前子类的商品列表。

#### 3. 购物车

购物车页面也是一个关键的页面。在这个页面上,用户可以查看已经加入购物车的商品,可以对购物车内的商品数量进行加减,减为零时将店铺的信息删除,然后通过选择商品前面的复选框来选中商品进行结算,选中商品后会自动结算出需要的金额。用户也可以选择下方的"全选"复选框,对购物车内的商品进行全部选择,计算出金额,点击"结算"进入支付环节。

#### 4. 我的商城

我的商城主要是对我的信息进行管理,默认使用当前微信号,可以切换用户,查看订单、优惠券、我的收藏等内容。

### 11.2.2 数据库设计

为满足微商城的需要,需要将一些数据存储起来。下面介绍一些关键的数据表,主要有商品表、购物车表、用户表等。

各数据表的字段如表 11-1~表 11-6 所示。

表 11-1 商品第一分类表说明

| 字段名 | 字段类型 | 字段描述 |
| --- | --- | --- |
| id | int | 主键,自增长 |
| fClassName | varchar(50) | 分类名称 |

表 11-2 商品第二分类表说明

| 字段名 | 字段类型 | 字段描述 |
| --- | --- | --- |
| id | int | 主键,自增长 |
| fRootID | Int | 第一分类 ID |
| fClassName | varchar(50) | 第二分类名称 |

表 11-3 商品第三分类表说明

| 字段名 | 字段类型 | 字段描述 |
| --- | --- | --- |
| id | int | 主键,自增长 |

续表

| 字段名 | 字段类型 | 字段描述 |
| --- | --- | --- |
| fSecondID | Int | 第二分类ID |
| fClassName | varchar(50) | 第三分类名称 |
| fClassImg | varchar(200) | 商品缩略图片链接地址 |

表 11-4　商品表说明

| 字段名 | 字段类型 | 字段描述 |
| --- | --- | --- |
| id | int | 主键，自增长 |
| fShopID | varchar(50) | 商品ID，一个商品对应一个 |
| fTitle | varchar(500) | 商品介绍 |
| fImg | varchar(50) | 商品图片链接地址 |
| fPrice | float | 商品价格 |
| fPostage | varchar(50) | 商品邮寄方式 |
| fRecord | int | 商品库存数 |

表 11-5　商品详情表说明

| 字段名 | 字段类型 | 字段描述 |
| --- | --- | --- |
| id | int | 主键，自增长 |
| fShopID | varchar(50) | 商品ID，一个商品对应一个 |
| fTitle | varchar(500) | 商品介绍 |
| fImg | varchar(50) | 商品图片链接地址 |
| fPrice | float | 商品价格 |
| fOldPrice | float | 商品原价格 |
| fPostage | varchar(50) | 商品邮寄方式 |
| fRecord | int | 商品库存数 |
| fAddress | varchar(100) | 商品地址 |
| fDetail | varchar(max) | 图文详情，可加标签 |

表 11-6　购物车表说明

| 字段名 | 字段类型 | 字段描述 |
| --- | --- | --- |
| id | int | 主键，自增长 |
| fShopID | varchar(50) | 商品ID，一个商品对应一个 |
| fTitle | varchar(500) | 商品介绍 |

续表

| 字段名 | 字段类型 | 字段描述 |
|---|---|---|
| fImg | varchar(50) | 商品图片链接地址 |
| fPrice | float | 商品价格 |
| fOldPrice | float | 商品原价格 |
| fPostage | varchar(50) | 商品邮寄方式 |
| fRecord | int | 商品库存数 |
| fAddress | varchar(100) | 商品地址 |
| fColor | varchar(50) | 商品颜色 |
| fSize | varchar(50) | 商品尺寸 |
| fNumber | Int | 商品数量 |
| fSum | float | 商品总价 |

## 11.3 开发实现

### 11.3.1 微商城的菜单

微商城或微网站一般是一个完整的应用,在微信公众平台上通常以自定义菜单的形式来实现,这里的仿淘宝的微商城使用的是综合应用中的微商城二级菜单,具体如图11-1所示。

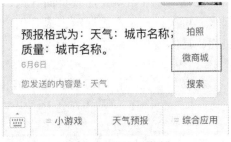

图 11-1 微商城菜单

微商城使用的菜单类型为 view,通过打开网站进行浏览,可以直接在微信公众平台上进行菜单发布。若使用第三方发布,需要将如下 JSON 数据发布到微信服务器。

```
1.   {
2.       "menu": {
3.           "button": [
4.               {
5.                   "sub_button": [
6.                       {
7.                           "key":"menu",
8.                           "type":"pic_photo_or_album",
9.                           "name":"拍照"
10.                      },
11.                      {
12.                          "url":"http://www.xxxxxx.com/taobao/index.html",
13.                          "type":"view",
14.                          "name":"微商城"
```

```
15.                       },
16.                       {
17.                           "url":"http://www.soso.com/",
18.                           "type":"view",
19.                           "name":"搜索"
20.                       }
21.                   ],
22.                   "name":"综合应用"
23.               }
24.           ]
25.       },
26.       "conditionalmenu":null,
27.       "errcode":0,
28.       "errmsg":null,
29.       "P2PData":null
30. }
```

## 11.3.2 首页

微商城首页主要显示营销活动、打折信息，以及热销商品列表。微商城前端页面使用JQuery、JUSTEP 等框架结构，后端使用 C#提供的 JSON 数据包，前端异步访问后台接口，获取到 JSON 数据后，前端框架解析数据，然后在页面上展示。首页是商城默认进入的页面，也就是一开始就要加载页面数据，先加载动态图片，图片从服务器传送到客户端缓存起来，再次打开时直接展示，提升用户体验；然后是商品信息，从后台获取后直接展示在页面，具体核心代码如下。

```
1.  /*
2.   * 写首页图片数据缓存的代码 1. 数据模型创建时事件
3.   * 2. 判断有没有 localStorage, 如果有, 则显示 localStorage 中的内容, 否则显示静态内容
4.   * 3. 从服务端获取最新数据和图片, 获取之后, 更新界面并写入 localStorage
5.   */
6.  Model.prototype.modelModelConstruct = function(event) {
7.      /*
8.       * 1. 数据模型创建时事件 2. 加载静态图片或从缓存中加载图片
9.       */
10.     var carousel = this.comp("carousel1");
11. 
12.     var fImgUrl = localStorage.getItem("index_BannerImg_src");
13.     if (fImgUrl == undefined) {
14.         $(carousel.domNode).find("img").eq(0).attr({
15.             "src" : "./main/img/carouselBox61.jpg",
16.             "pagename" : "./detail.w"
17.         });
18.     } else {
19.         var fUrl = localStorage.getItem("index_BannerImg_url");
20.         $(carousel.domNode).find("img").eq(0).attr({
```

```
21.                "src" : fImgUrl,
22.                "pagename" : fUrl
23.            });
24.        }
25.    };
26.
27.    Model.prototype.imgDataCustomRefresh = function(event) {
28.        /*
29.         * 1. 加载轮换图片数据
30.         * 2. 根据 data 数据动态添加 carousel 组件中的 content 页面
31.         * 3. 如果 img 已经创建了，则只修改属性
32.         * 4. 将第一张图片信息存入 localStorage
33.         */
34.        var url = require.toUrl("./ashx/imgData.ashx");
35.        allData.loadDataFromURL(url, event.source, true);
36.        var me = this;
37.        var carousel = this.comp("carousel1");
38.        event.source.each(function(obj) {
39.            var fImgUrl = require.toUrl(obj.row.val("fImgUrl"));
40.            var fUrl = require.toUrl(obj.row.val("fUrl"));
41.            if (me.comp('contentsImg').getLength() > obj.index) {
42.                $(carousel.domNode).find("img").eq(obj.index).attr({
43.                    "src" : fImgUrl,
44.                    "pagename" : fUrl
45.                });
46.                if (obj.index == 0) {
47.                    localStorage.setItem("index_BannerImg_src", fImgUrl);
48.                    localStorage.setItem("index_BannerImg_url", fUrl);
49.                }
50.            } else {
51.                carousel.add('<img src="' + fImgUrl + '" class="tb-img1" bind-click="openPageClick" pagename="' + fUrl + '"/>');
52.            }
53.        });
54.    };
55.
56.    Model.prototype.goodsDataCustomRefresh = function(event) {
57.        /*
58.         *加载商品数据
59.         */
60.        var url = require.toUrl("./ashx/goodsData.ashx");
61.        allData.loadDataFromURL(url, event.source, true);
62.    };
```

首页展示效果如图 11-2 所示。

# 微信公众平台开发技术

图 11-2 微商城首页展示效果

### 11.3.3 分类

在分类页面中对商品进行了分类管理,方便用户按类别查找商品。商品分为三层类别,加载页面时先加载大类,再加载第二类,点击时加载第三类商品。

```
1.    //获取一级分类信息
2.    /*
3.    1. 默认显示当前一级菜单对应的二、三级数据
4.    2. 点击其他一级菜单,再加载它的二、三级数据
5.    */
6.    Model.prototype.rootClassDataCustomRefresh = function(event){
7.        /*
8.        1. 加载一级分类数据
9.        */
10.       var url = require.toUrl("./ashx/rootClassData.ashx");
11.       allData.loadDataFromURL(url,event.source,true);
12.   };
13.   //获取二级分类信息
14.   Model.prototype.secondClassDataCustomRefresh = function(event){
15.       /*
16.       1. 加载二级分类数据
17.       */
18.       var url = require.toUrl("./ashx/secondClassData.ashx");
19.       allData.loadDataFromURL(url,event.source,true);
20.   };
21.   //获取三级分类信息
22.   Model.prototype.threeClassDataCustomRefresh = function(event){
23.       /*
24.       1. 加载三级分类数据
25.       */
26.       var url = require.toUrl("./ashx/threeClassData.ashx");
```

```
27.         allData.loadDataFromURL(url,event.source,true);
28.     };
29.
30.     //商品点击事件
31.     Model.prototype.listClick = function(event){
32.         /*
33.          1. 获取当前商品 ID
34.          2. 传入弹出窗口，弹出窗口中显示商品详细信息
35.          3. 在弹出窗口的接收事件中，从服务端过滤数据
36.         */
37.         justep.Shell.showPage("list",{
38.             keyValue : this.comp("threeClassData").getValue("fClassName")
39.         });
40.     };
```

分类展示效果如图 11-3 所示。

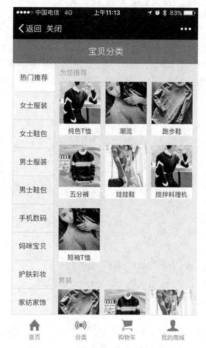

图 11-3　微商城分类展示效果

## 11.3.4　购物车

购物车原是在传统商城中消费者选中商品后暂时存放商品的小推车。这里也应用购物车的概念。消费者在页面上将选中的商品加入购物车，则购物车里就会增加相应的商品，用户挑选完毕可以进行统一付款。购物车的主要功能包括商品加减、商品结算等。

主要代码如下：

```
1.     //获取商品列表
2.     Model.prototype.goodsDataCustomRefresh = function(event){
3.         /*
4.          加载商品数据
5.         */
```

```
6.          var url = require.toUrl("./ashx/goodsData.ashx");
7.          allData.loadDataFromURL(url,event.source,true);
8.      };
9.      //获取店铺信息
10.     Model.prototype.shopDataCustomRefresh = function(event){
11.         /*
12.         加载店铺数据
13.         */
14.         var url = require.toUrl("./ashx/shopData.ashx");
15.         allData.loadDataFromURL(url,event.source,true);
16.     };
17.     //全选
18.     Model.prototype.allChooseChange = function(event){
19.         /*
20.         1."全选"复选框绑定变化事件 onChange()
21.         2.选择"全选"复选框,获取其值
22.         3.修改商品表中的 fChoose 字段为"全选"复选框的值
23.         */
24.         var goodsData = this.comp("goodsData");
25.         var choose=this.comp("allChoose").val();
26.         goodsData.each(function(obj){
27.             if(choose){
28.                 goodsData.setValue("fChoose","1",obj.row);
29.             } else {
30.                 goodsData.setValue("fChoose","",obj.row);
31.             }
32.         });
33.     };
34.
35.     //减数量
36.     Model.prototype.reductionBtnClick = function(event){
37.         /*
38.         1.减少数量按钮绑定点击事件 onClick()
39.         2.点击按钮,当前记录的 fNumber 值减 1
40.         3. fNumber 为 1 时不再相减
41.         */
42.         var row = event.bindingContext.$object;
43.         var n=row.val("fNumber");
44.         if(n>1){
45.             row.val("fNumber",n-1);
46.         }
47.     };
48.
49.     //加数量
50.     Model.prototype.addBtnClick = function(event){
51.         /*
52.         1.增加数量按钮绑定点击事件 onClick()
53.         2.点击按钮,当前记录的 fNumber 值加 1
54.         */
55.         var row = event.bindingContext.$object;
56.         var n=row.val("fNumber");
```

```
57.            row.val("fNumber",n+1);
58.        };
59.        //删除
60.        Model.prototype.delBtnClick = function(event){
61.            /*
62.            1."删除"按钮点击事件
63.            2．删除选中商品
64.            3．如果商店里已经没有商品，则删除商店
65.            */
66.            var goodsData = this.comp("goodsData");
67.            var goodsRows = goodsData.find(["fChoose"],["1"]);
68.            goodsData.deleteData(goodsRows);
69.            var shopData = this.comp("shopData");
70.            var shopRows = new Array();
71.            shopData.each(function(obj){
72.                var n = goodsData.find(["fShopID"],[obj.row.val("id")]).length;
73.                if(n == 0){
74.                    shopRows.push(obj.row);
75.                }
76.            });
77.            shopData.deleteData(shopRows);
78.        };
79.        Model.prototype.showBackBtn = function(isBack){
80.            /*
81.            根据参数修改 calculateData
82.            */
83.            this.isBack = isBack;
84.            var v = isBack ? 1 : 0;
85.            this.comp("calculateData").setValue("isBack",v);
86.        };
87.        //结算事件
88.        Model.prototype.settlementClick = function(event){
89.            /*
90.            1."结算"按钮点击事件
91.            2．打开订单确认页面
92.            3．点击"确认"按钮,选择支付方式
93.            4．进入支付成功页面
94.            */
95.            justep.Shell.showPage("order");
96.        };
97.        Model.prototype.listClick = function(event){
98.            /*
99.            1．获取当前商品 ID
100.           2．传入弹出窗口,弹出窗口中显示商品详细信息
101.           3．在弹出窗口的接收事件中,从服务端过滤数据
102.           */
103.           var data=this.comp("goodsData");
104.           justep.Shell.showPage("detail", {
105.               goodsID : data.getValue("id"),
106.               shopID : data.getValue("fShopID")
107.           });
108.       }
```

# 微信公众平台开发技术

微商城购物车如图 11-4 所示。

图 11-4 微商城购物车

## 11.3.5 我的商城

在我的商城中可对自己的信息进行管理，可以查看我的订单、我的收藏、优惠券、红包、剩余金额等，也可以切换用户，默认以微信号为登录号，如图 11-5 所示。

图 11-5 微商城我的商城

## 11.3.6 系统后台实现

系统后台主要是为微商城的前台提供数据服务的,将后台数据以 JSON 数据的格式传送给前台,前台再进行相应的解析展示。此后台使用应用最广泛的三层系统架构,将整个业务应用划分为表现层(UI)、业务逻辑层(BLL)、数据访问层(DAL)。此处的表现层由前端 H5 页面来实现数据的展示,后台系统主要使用其中的数据展现功能,使用 HttpHandler 的 Web 组件 ashx 将从数据库获取到的数据转换成 JSON 格式,或者将 JSON 数据写入后台数据库。

这里首先来看一下如何实现数据访问层。以首页中的商品信息为例,主要实现商品的查询、修改、删除等功能,其中,DBAccessManager 对数据库访问进行了集成,执行 ExecuteScalar 方法,在数据库中执行 SQL 语句,再将返回的数据集通过 JSONhelper 转换成 JSON 串。具体 DAL 的代码如下:

```
1.   namespace AutoLinkID.Dal
2.   {
3.       public class GoodsDataDal
4.       {
5.           public static GoodsDataDal Instance
6.           {
7.               get { return SingletonProvider<GoodsDataDal>.Instance; }
8.           }
9.
10.          public string GetJson(int pageindex, int pagesize, string filterJson, string sort = "keyid",
11.                               string order = "asc")
12.          {
13.              StringBuilder strSql = new StringBuilder();
14.              if (sort == null)
15.              {
16.                  sort = "keyid";
17.              }
18.              string WhereString = FilterTranslator.ToSql(filterJson);
19.
20.              strSql.Append(string.Format("select top {0} * from goodsData where KeyId not in ",pagesize));
21.              strSql.Append(string.Format("(select top {0} KeyId from goodsData where {1} order by {2}) ", (pageindex - 1) * pagesize, WhereString, sort));
22.              strSql.Append(string.Format("and {0} order by {1}", WhereString, sort));
23.
24.              using (var ds = DBAccessManager.Application.Fill(DBAccessManager.Application.CreateCommand(System.Data.CommandType.Text, strSql.ToString())))
25.              {
26.                  StringBuilder s = new StringBuilder();
27.                  s.Append("select count(*) from goodsData ");
28.                  s.Append(string.Format(" where {0} ", WhereString));
29.                  int recordcount = (int)DBAccessManager.Application.ExecuteScalar(DBAccessManager.Application.CreateCommand(System.Data.CommandType.Text, s.ToString()));//datagrid 的统计数据,即共显示多少条
```

```
30.                DataTable dt = ds.Tables[0];
31.                return JSONhelper.FormatJSONForEasyuiDataGrid(recordcount, dt);
32.            }
33.        }
34.
35.        public int Insert(GoodsDataModel model)
36.        {
37.            StringBuilder strSql=new StringBuilder();
38.            strSql.Append("insert into goodsData (");
39.            strSql.Append("id,fShopID,fTitle,fImg,fPrice,fPostage,fRecord");
40.            strSql.Append(") values(");
41.            strSql.Append("'"+model.id+"'"+",'"+model.fShopID+"'"+",
    '"+model.fTitle+"'"+",'"+model.fImg+"'"+",'"+model.fPrice+"'"+",
    '"+model.fPostage+"'"+",'"+model.fRecord+"'");
42.            strSql.Append(")");
43.            return DBAccessManager.Application.ExecuteNonQuery(DBAccess
    Manager.Application.CreateCommand(System.Data.CommandType.Text,
    strSql.ToString()));
44.        }
45.
46.        public int Update(GoodsDataModel model)
47.        {
48.            StringBuilder strSql = new StringBuilder();
49.            strSql.Append("update goodsData set ");
50.            strSql.Append(string.Format("id={0}",model.id));
51.            strSql.Append(","+string.Format("fShopID='{0}'",model.fShopID));
52.            strSql.Append(","+string.Format("fTitle='{0}'",model.fTitle));
53.            strSql.Append(","+string.Format("fImg='{0}'",model.fImg));
54.            strSql.Append(","+string.Format("fPrice={0}",model.fPrice));
55.            strSql.Append(","+string.Format("fPostage='{0}'",model.
    fPostage));
56.            strSql.Append(","+string.Format("fRecord={0}",model.fRecord));
57.                strSql.Append(" where KeyId=" + model.KeyId);
58.            return DBAccessManager.Application.ExecuteNonQuery(DBAccess
    Manager.Application.CreateCommand(System.Data.CommandType.Text,
    strSql.ToString()));
59.        }
60.
61.        public int Delete(int Keyid)
62.        {
63.            string strSql = string.Format("delete from goodsData where
    KeyId='{0}'",Keyid);
64.            return DBAccessManager.Application.ExecuteNonQuery(DBAccess
    Manager.Application.CreateCommand(System.Data.CommandType.Text,
    strSql.ToString()));
65.        }
66.
67.    public int BatchDelete(string idstr)
68.        {
69.            string strSql = string.Format("delete from goodsData where
    KeyId in ({0})", idstr);
70.            return DBAccessManager.Application.ExecuteNonQuery(DBAccess
    Manager.Application.CreateCommand(System.Data.CommandType.Text,
    strSql.ToString()));
71.        }
```

```
72.        }
73. }
```

在这个过程中需要用到 goodsData 实体对象，这个实体模型的定义如下：

```
1.  namespace AutoLinkID.Model
2.  {
3.      [TableName("goodsData")]
4.      [Description("")]
5.      public class GoodsDataModel
6.      {
7.          /// <summary>
8.          /// id
9.          /// </summary>
10.         [Description("id")]
11.         public int id { get; set; }
12.
13.         /// <summary>
14.         /// fShopID
15.         /// </summary>
16.         [Description("fShopID")]
17.         public string fShopID { get; set; }
18.
19.         /// <summary>
20.         /// fTitle
21.         /// </summary>
22.         [Description("fTitle")]
23.         public string fTitle { get; set; }
24.
25.         /// <summary>
26.         /// fImg
27.         /// </summary>
28.         [Description("fImg")]
29.         public string fImg { get; set; }
30.
31.         /// <summary>
32.         /// fPrice
33.         /// </summary>
34.         [Description("fPrice")]
35.         public float fPrice { get; set; }
36.
37.         /// <summary>
38.         /// fPostage
39.         /// </summary>
40.         [Description("fPostage")]
41.         public string fPostage { get; set; }
42.
43.         /// <summary>
44.         /// fRecord
45.         /// </summary>
46.         [Description("fRecord")]
47.         public int fRecord { get; set; }
48.
49.
50.         public override string ToString()
```

```
51.         {
52.             return JSONhelper.ToJson(this);
53.         }
54.     }
55. }
```

业务逻辑层（BLL）通过调用数据访问层和视图实体层来处理业务流程，完成系统业务调用。具体代码如下：

```
1.  namespace AutoLinkID.Bll
2.  {
3.      public class GoodsDataBll
4.      {
5.          public static GoodsDataBll Instance
6.          {
7.              get { return SingletonProvider<GoodsDataBll>.Instance; }
8.          }
9.
10.         public int Add(GoodsDataModel model)
11.         {
12.             return GoodsDataDal.Instance.Insert(model);
13.         }
14.
15.         public int Update(GoodsDataModel model)
16.         {
17.             return GoodsDataDal.Instance.Update(model);
18.         }
19.
20.         public int Delete(int keyid)
21.         {
22.             return GoodsDataDal.Instance.Delete(keyid);
23.         }
24.
25.         public int BatchDelete(string idstr)
26.         {
27.             return GoodsDataDal.Instance.BatchDelete(idstr);
28.         }
29.
30.         public string GetJson(int pageindex, int pagesize, string filterJson, string sort = "Keyid", string order = "asc")
31.         {
32.             return GoodsDataDal.Instance.GetJson(pageindex, pagesize, filterJson, sort, order);
33.         }
34.     }
35. }
```

最后在数据展示层或数据提取层使用 C#的 ashx 提供数据服务。也就是说，前端只需要调用一些 ashx，根据不同的 action 进行相应的数据操作，商品信息使用的是 GoodsDataHandler.ashx 方法。具体代码如下：

```
1.  namespace AutoLinkID.Web.ashx
2.  {
3.      /// <summary>
4.      /// dbHandler 的摘要说明
```

```csharp
5.      /// </summary>
6.      public class GoodsDataHandler : IHttpHandler,IRequiresSessionState
7.      {
8.          public void ProcessRequest(HttpContext context)
9.          {
10.             context.Response.ContentType = "text/plain";
11.
12.             //UserBll.Instance.CheckUserOnlingState();
13.             var action = context.Request["action"];
14.             var json = HttpContext.Current.Request["DataEntity"];
15.             var msg = new { Code = 201, Result = "没有传递正确的参数" };
16.             //获取datagrid的设置参数
17.             var rpm = new RequestParamModel<GoodsDataModel>(context) { CurrentContext = context };
18.             var model = new GoodsDataModel();
19.             if (!string.IsNullOrEmpty(json))
20.             {
21.                 model = JSONhelper.ConvertToObject<GoodsDataModel>(json);
22.             }
23.
24.             //如果没有登录,则检查传递参数有无Token值
25.             if (context.Request["AccessToken"] != null)
26.             {
27.                 string token = context.Request["AccessToken"];
28.                 string uid = context.Request["uid"];
29.                 if (UserBll.Instance.GetUserIdFromToken(token).ToString() != uid)
30.                 {
31.                     msg = new { Code = 201, Result = "无效的验证信息" };
32.                     context.Response.Write(JSONhelper.ToJson(msg));
33.                     return;
34.                 }
35.             }
36.             else
37.             {
38.                 //TODO:暂时不做限制,后续完善的时候再加
39.             }
40.
41.             switch (HttpContext.Current.Request["action"])
42.             {
43.                 case "add":
44.                     if(GoodsDataBll.Instance.Add(model) > 0)
45.                         msg = new { Code = 200, Result = "添加成功!" };
46.                     else
47.                         msg = new { Code = 201, Result = "添加失败!" };
48.                     context.Response.Write(JSONhelper.ToJson(msg));
49.                     break;
50.                 case "edit":
51.                     if(GoodsDataBll.Instance.Update(model) > 0)
52.                         msg = new { Code = 200, Result = "修改成功!" };
53.                     else
54.                         msg = new { Code = 201, Result = "修改失败!" };
55.                     context.Response.Write(JSONhelper.ToJson(msg));
```

```
56.                     break;
57.                 case "delete":
58.                     if(GoodsDataBll.Instance.Delete(PublicMethod.GetInt(context.Request["KeyId"])) > 0)
59.                         msg = new { Code = 200, Result = "删除成功！" };
60.                     else
61.                         msg = new { Code = 201, Result = "删除失败！" };
62.                     context.Response.Write(JSONhelper.ToJson(msg));
63.                     break;
64.                 case "batchdelete":
65.                     if(GoodsDataBll.Instance.BatchDelete(context.Request["KeyId"]) > 0)
66.                         msg = new { Code = 200, Result = "删除成功！" };
67.                     else
68.                         msg = new { Code = 201, Result = "删除失败！" };
69.                     context.Response.Write(JSONhelper.ToJson(msg));
70.                     break;
71.                 default:
72.                     msg = new { Code = 200, Result = GoodsDataBll.Instance.GetJson(rpm.Pageindex, rpm.Pagesize, rpm.Filter, rpm.Sort, rpm.Order)};
73.                     context.Response.Write(JSONhelper.ToJson(msg));
74.                     break;
75.             }
76.         }
77.
78.         public bool IsReusable
79.         {
80.             get
81.             {
82.                 return false;
83.             }
84.         }
85.     }
86. }
```

## 本章小结

本章主要介绍如何在微信公众平台上搭建一个电商应用，以一个简单的微商城为例讲解了建立一个商城需要的步骤，以及注意的事项。此微商城的各功能还不完善，但是基本流程和正式的电商基本一致。

通过本章的学习，读者应该对微商城有了一定的了解，能够充分理解微商城开发的过程，能够通过实际需求来实现微商城的应用。

## 动手实践

结合本章微商城综合实例的开发实现，运用微信公众平台来模拟实现一个简单的微商城，可以在下方选择微商城，也可以根据自己的兴趣实现相关商品的微商城。

供参照微商城：化妆品城、手机店铺、二手淘淘、电子图书、洗车用品。

# 附录 接口返回码说明

每次公众号调用接口时,都会获得正确或错误的返回码,开发者可以根据返回码信息调试接口,排查错误。

全局返回码说明如下。

| 返回码 | 说 明 |
|---|---|
| -1 | 系统繁忙,此时开发者应稍候再试 |
| 0 | 请求成功 |
| 40001 | 获取 access_token 时 AppSecret 错误,或者 access_token 无效。开发者需要认真比对 AppSecret 的正确性,或查看是否正在为恰当的公众号调用接口 |
| 40002 | 不合法的凭证类型 |
| 40003 | 不合法的 OpenID,开发者应确认 OpenID(该用户)是否已关注公众号,或是否是其他公众号的 OpenID |
| 40004 | 不合法的媒体文件类型 |
| 40005 | 不合法的文件类型 |
| 40006 | 不合法的文件大小 |
| 40007 | 不合法的媒体文件 ID |
| 40008 | 不合法的消息类型 |
| 40009 | 不合法的图片文件大小 |
| 40010 | 不合法的语音文件大小 |
| 40011 | 不合法的视频文件大小 |
| 40012 | 不合法的缩略图文件大小 |
| 40013 | 不合法的 AppID,开发者应检查 AppID 的正确性,避免异常字符,注意大小写 |
| 40014 | 不合法的 access_token,开发者需要认真比对 access_token 的有效性(如是否过期),或查看是否正在为恰当的公众号调用接口 |
| 40015 | 不合法的菜单类型 |
| 40016 | 不合法的按钮个数 |
| 40017 | 不合法的按钮类型 |

续表

| 返回码 | 说 明 |
|---|---|
| 40018 | 不合法的按钮名字长度 |
| 40019 | 不合法的按钮 KEY 长度 |
| 40020 | 不合法的按钮 URL 长度 |
| 40021 | 不合法的菜单版本号 |
| 40022 | 不合法的子菜单级数 |
| 40023 | 不合法的子菜单按钮个数 |
| 40024 | 不合法的子菜单按钮类型 |
| 40025 | 不合法的子菜单按钮名字长度 |
| 40026 | 不合法的子菜单按钮 KEY 长度 |
| 40027 | 不合法的子菜单按钮 URL 长度 |
| 40028 | 不合法的自定义菜单使用用户 |
| 40029 | 不合法的 oauth_code |
| 40030 | 不合法的 refresh_token |
| 40031 | 不合法的 OpenID 列表 |
| 40032 | 不合法的 OpenID 列表长度 |
| 40033 | 不合法的请求字符，不能包含\uxxxx 格式的字符 |
| 40035 | 不合法的参数 |
| 40038 | 不合法的请求格式 |
| 40039 | 不合法的 URL 长度 |
| 40050 | 不合法的分组 ID |
| 40051 | 分组名字不合法 |
| 40060 | 删除单篇图文时，指定的 article_idx 不合法 |
| 40117 | 分组名字不合法 |
| 40118 | media_id 大小不合法 |
| 40119 | button 类型错误 |
| 40120 | button 类型错误 |
| 40121 | 不合法的 media_id 类型 |
| 40132 | 微信号不合法 |
| 40137 | 不支持的图片格式 |
| 40155 | 请勿添加其他公众号的主页链接 |
| 41001 | 缺少 access_token 参数 |

| 返回码 | 说　　明 |
|---|---|
| 41002 | 缺少 appid 参数 |
| 41003 | 缺少 refresh_token 参数 |
| 41004 | 缺少 secret 参数 |
| 41005 | 缺少多媒体文件数据 |
| 41006 | 缺少 media_id 参数 |
| 41007 | 缺少子菜单数据 |
| 41008 | 缺少 oauth code |
| 41009 | 缺少 openid |
| 42001 | access_token 超时，应检查 access_token 的有效期，可参考基础支持—获取在 access_token 中，对 access_token 的详细机制进行说明 |
| 42002 | refresh_token 超时 |
| 42003 | oauth_code 超时 |
| 42007 | 用户修改微信密码，access_token 和 refresh_token 失效，需要重新授权 |
| 43001 | 需要 GET 请求 |
| 43002 | 需要 POST 请求 |
| 43003 | 需要 HTTPS 请求 |
| 43004 | 需要接收者关注 |
| 43005 | 需要好友关注 |
| 43019 | 需要将接收者从黑名单中移除 |
| 44001 | 多媒体文件为空 |
| 44002 | POST 的数据包为空 |
| 44003 | 图文消息内容为空 |
| 44004 | 文本消息内容为空 |
| 45001 | 多媒体文件大小超过限制 |
| 45002 | 消息内容超过限制 |
| 45003 | 标题字段超过限制 |
| 45004 | 描述字段超过限制 |
| 45005 | 链接字段超过限制 |
| 45006 | 图片链接字段超过限制 |
| 45007 | 语音播放时间超过限制 |
| 45008 | 图文消息超过限制 |

续表

| 返回码 | 说明 |
|---|---|
| 45009 | 接口调用超过限制 |
| 45010 | 创建菜单个数超过限制 |
| 45011 | API调用太频繁,应稍候再试 |
| 45015 | 回复时间超过限制 |
| 45016 | 系统分组,不允许修改 |
| 45017 | 分组名字过长 |
| 45018 | 分组数量超过上限 |
| 45047 | 客服接口下行条数超过上限 |
| 46001 | 不存在媒体数据 |
| 46002 | 不存在的菜单版本 |
| 46003 | 不存在的菜单数据 |
| 46004 | 不存在的用户 |
| 47001 | 解析JSON/XML内容错误 |
| 48001 | API功能未授权,应确认公众号已获得该接口,可以在公众平台官网—开发者中心页中查看接口权限 |
| 48002 | 粉丝拒收消息(粉丝在公众号选项中关闭了"接收消息") |
| 48004 | API接口被封禁,可登录mp.weixin.qq.com查看详情 |
| 48005 | API禁止删除被自动回复和自定义菜单引用的素材 |
| 48006 | API禁止清零调用次数,因为清零次数达到上限 |
| 50001 | 用户未授权该API |
| 50002 | 用户受限,可能是违规后接口被封禁 |
| 61451 | 参数错误(invalid parameter) |
| 61452 | 无效客服账号(invalid kf_account) |
| 61453 | 客服账号已存在(kf_account exsited) |
| 61454 | 客服账号名长度超过限制(仅允许10个英文字符,不包括@及@后的公众号的微信号)(invalid kf_acount length) |
| 61455 | 客服账号名包含非法字符(仅允许英文+数字)(illegal character in kf_account) |
| 61456 | 客服账号个数超过限制(10个客服账号)(kf_account count exceeded) |
| 61457 | 无效头像文件类型(invalid file type) |
| 61450 | 系统错误(system error) |
| 61500 | 日期格式错误 |

## 附录 接口返回码说明

续表

| 返回码 | 说明 |
|---|---|
| 65301 | 不存在此 menuid 对应的个性化菜单 |
| 65302 | 没有相应的用户 |
| 65303 | 没有默认菜单,不能创建个性化菜单 |
| 65304 | MatchRule 信息为空 |
| 65305 | 个性化菜单数量受限 |
| 65306 | 不支持个性化菜单的账号 |
| 65307 | 个性化菜单信息为空 |
| 65308 | 包含没有响应类型的 button |
| 65309 | 个性化菜单开关处于关闭状态 |
| 65310 | 填写了省份或城市信息,国家信息不能为空 |
| 65311 | 填写了城市信息,省份信息不能为空 |
| 65312 | 不合法的国家信息 |
| 65313 | 不合法的省份信息 |
| 65314 | 不合法的城市信息 |
| 65316 | 该公众号的菜单设置了过多的域名外跳(最多跳转到 3 个域名的链接) |
| 65317 | 不合法的 URL |
| 9001001 | POST 数据参数不合法 |
| 9001002 | 远端服务不可用 |
| 9001003 | Ticket 不合法 |
| 9001004 | 获取摇周边用户信息失败 |
| 9001005 | 获取商户信息失败 |
| 9001006 | 获取 OpenID 失败 |
| 9001007 | 上传文件缺失 |
| 9001008 | 上传素材的文件类型不合法 |
| 9001009 | 上传素材的文件尺寸不合法 |
| 9001010 | 上传失败 |
| 9001020 | 账号不合法 |
| 9001021 | 已有设备激活率低于 50%,不能新增设备 |
| 9001022 | 设备申请数不合法,必须为大于 0 的数字 |
| 9001023 | 已存在审核中的设备 ID 申请 |
| 9001024 | 一次查询设备 ID 数量不能超过 50 |

续表

| 返回码 | 说明 |
|---|---|
| 9001025 | 设备 ID 不合法 |
| 9001026 | 页面 ID 不合法 |
| 9001027 | 页面参数不合法 |
| 9001028 | 一次删除页面 ID 数量不能超过 10 |
| 9001029 | 页面已应用在设备中,应先解除应用关系再删除 |
| 9001030 | 一次查询页面 ID 数量不能超过 50 |
| 9001031 | 时间区间不合法 |
| 9001032 | 保存设备与页面的绑定关系参数错误 |
| 9001033 | 门店 ID 不合法 |
| 9001034 | 设备备注信息过长 |
| 9001035 | 设备申请参数不合法 |
| 9001036 | 查询起始值 begin 不合法 |